AF305676

LA
BASSE-COUR

COULOMMIERS. — Typ. A. MOUSSIN.

LA
BASSE-COUR

PAR

VICTOR RENDU

INSPECTEUR GÉNÉRAL HONORAIRE DE L'AGRICULTURE

Afin que notre maison contienne, non-seulement ses nécessités, mais aussi quelques délices et voluptés, telles qu'honnestement on les peut souhaiter ; après l'avoir fournie du principal bestail, nous la meublerons de l'autre, dont l'ornement est en augmentation de revenu.

OLIVIER DE SERRES.
(*Le théâtre d'agriculture et mesnage des champs.*)

PARIS

LIBRAIRIE HACHETTE ET Cie
79, BOULEVARD SAINT-GERMAIN, 79
—
1873

A MONSIEUR GRÉARD

DIRECTEUR DE L'ENSEIGNEMENT PRIMAIRE

AU MINISTÈRE DE L'INSTRUCTION PUBLIQUE

HOMMAGE AFFECTUEUX DE L'AUTEUR

V^{or} RENDU

tique, a compulsé ses notes, interrogé de nouveau les faits, en les soumettant au contrôle d'une étude toute spéciale; le plaisir très-vif qu'il y a rencontré, lui a suggéré l'idée d'en partager les bénéfices avec ses confrères en affections champêtres : de là cet opuscule.

Bien que le sujet ne soit pas absolument de primeur, il est loin d'être aussi rebattu qu'il paraît au premier abord ; mais, quand bien même on n'aurait fait que poser le pied dans un sentier frayé, n'était-il pas permis d'essayer d'élargir la voie, de la rendre populaire, et d'ouvrir une nouvelle perspective de la vie des champs, cette grande consolatrice des temps troublés ? Telle a été la prétention de l'auteur.

A côté de renseignements précis et du but d'utilité pratique qu'il s'était surtout proposé, il a cru que les mœurs des hôtes de la basse-cour avaient aussi leur intérêt, puisque Buffon ne les a pas jugées indignes de son génie, et que la ménagère, tout en ayant l'œil fixé sur le profit, pierre de touche de sa gestion, ne risque rien aux notions d'histoire naturelle qui accompagnent la biographie de nos volailles, et représentent, en quelque sorte, leur état civil ; ces notions sommaires, sans surcharger la mémoire, placent l'état de nature en face de l'état de domesticité; dans un élevage raisonné, la comparaison peut avoir son prix.

L'auteur, dans ce livre, ne promet ni rentes ni équipage à qui élèvera, même avec beaucoup d'intelligence, poules et lapins; la baguette merveilleuse chargée d'opérer ces prodiges n'est pas encore trouvée; mais il pense qu'une basse-cour bien tenue peut être pour la fermière, comme pour les plus petites exploitations, une source de bien-être et même d'aisance relative, pour tous, enfin, une occupation récréative et *moult joyeuse* : au lecteur bénévole de dire si l'horoscope a été bien tiré.

Aux Berruères, 12 juin 1873.

LA BASSE-COUR

LE COQ ET LA POULE

CHOIX DE LA RACE

De tous les oiseaux désignés sous le nom de volailles, le coq et la poule sont ceux qui méritent le plus de fixer l'attention. Leur robuste tempérament, la facilité avec laquelle ils s'élèvent, le parti qu'ils savent tirer de ce qui serait perdu, sans eux, dans les étables, dans les cours et dans les champs, la variété et l'abondance de leurs produits, les ressources improvisées qu'ils offrent à la ménagère, l'animation et la gaîté qu'ils répandent dans la ferme, leur assignent le premier rang parmi les hôtes de la basse-cour. Depuis longtemps, ils sont devenus les commensaux de toute exploitation, grande ou petite; partout ils amènent le profit lorsque la race est bien choisie, qu'on s'en occupe avec intelligence, et que les bêtes, abritées en bon logis, sont nourries avec une sage économie, sans lésinerie, comme aussi sans profusion.

La France est le pays de l'Europe le plus riche en

volailles de toute espèce. Oies de Toulouse, canards de Normandie, dindes du Périgord et de la Champagne, y réussissent partout; la race galline, principalement, s'y trouve représentée par les plus belles variétés : aussi donne-t-elle lieu à une consommation importante à l'intérieur et à un commerce d'exportation considérable; il est facile d'en juger par un seul de ses produits. L'Angleterre nous prend, chaque année, près de deux cents millions d'œufs; la ville de Paris en consomme, annuellement, plus de cent millions; et c'est par centaines de mille que poulets, chapons et poulardes paraissent sur nos tables.

La mode néanmoins, dans ces dernières années, au risque de compromettre l'espèce indigène, a introduit chez nous plusieurs races étrangères, exaltées à outrance au début, comme c'est l'usage; mais on n'a pas tardé à s'apercevoir que, malgré certaines qualités incontestables, aucune, dans son ensemble, ne l'emportait sur nos vieilles races de Houdan, de La Flèche, de Crèvecœur. Encore moins valaient-elles, tout calcul fait, notre excellente race commune si rustique, si féconde, si facile à acclimater partout, et à laquelle il faut toujours revenir lorsqu'on veut peupler une basse-cour, au point de vue d'une production lucrative.

Des caractères bien tranchés distinguent chacune de nos bonnes races.

Dans la race de Houdan, par exemple, le plumage est caillouté; il se compose de plumes, tantôt noires, tantôt blanches, ou noires tachetées de blanc aux extrémités, et vice versâ. Son corps arrondi est solidement posé sur de fortes pattes. Sa tête est garnie d'une demi-huppe dont les plumes sont négligemment rejetées en arrière et sur les côtés. Ses pectoraux, ses cuisses, ses jambes, ses ailes sont bien développés. Ses pattes sont munies de cinq doigts, dont deux postérieurs. La crête du mâle est triple et transversale ; ses joues sont entourées de plumes retroussées, semblables à des favoris.

Coq de Houdan.

La poule de Houdan a le corps presque aussi volumineux que celui du coq. Sa tête est coiffée d'une huppe, quelquefois médiocrement garnie de plumes ébouriffées, mais le plus souvent tellement touffues et couvrant si complètement l'œil, que l'animal ne

voit, ni de côté ni en face, mais seulement à terre; de
là vient qu'il s'inquiète au moindre bruit. La crête et
les oreillons sont rudimentaires.

Cette race réunit presque toutes les qualités qu'on
peut désirer : c'est la plus rustique des races d'élite;
elle s'élève aussi facilement que la race commune;
très-féconde, elle donne, de bonne heure, des œufs
magnifiques, mais elle se montre médiocre couveuse.
Les poulets acquièrent tout leur développement à
quatre mois; les poulardes occupent le premier rang
comme finesse et saveur.

La race de La Flèche se reconnaît, au premier coup
d'œil, à son corps élancé et à son plumage entièrement noir, chamarré de reflets verts et violets. Le
coq est le plus haut jambé de tous nos coqs français,
ce qui le fait paraître moins volumineux qu'il ne l'est
en effet. Sa crête, d'un beau rouge, a l'aspect de cornes; ses barbillons sont très-longs et pendants; l'o-
reillon, largement développé, se replie sur le cou. Ses
pattes n'ont que quatre doigts, armés d'ongles vigoureux.

Le corps de la poule est taillé sur le même patron
que celui du coq; ses pattes sont fortes, mais de
moyenne longueur; sa crête se compose de cornes
rudimentaires, infléchies en avant; ses barbillons
sont arrondis; ses oreillons occupent une large place :
physionomie fine et éveillée; pectoraux, ailes, cuisses
et jambes à souhait pour les gourmets.

La race de La Flèche ne devient adulte que fort
tard; elle est mauvaise couveuse; en revanche, elle
a une aptitude remarquable à l'engraissement. Les
poulets n'ont pas besoin d'être chaponnés, ils prennent
facilement la graisse lorsqu'ils n'ont point eu de contact avec les poules; celles-ci, pour devenir poulardes,

doivent être engraissées avant d'avoir pondu ; ce sont elles qu'on désigne, sur les marchés, sous le nom de *poulardes du Mans.*

Coq de La Flèche.

La race de Crèvecœur se fait remarquer par sa précocité, sa finesse et sa facilité à s'engraisser ; il n'est pas rare de lui voir atteindre, à six mois, un poids de trois à quatre kilogrammes.

Plus ramassée et plus basse sur jambes que les précédentes, elle a le corps volumineux, la tête forte, généralement bien coiffée. Son plumage est noir, avec des reflets métalliques chez le mâle ; la huppe blan-

Coq de Crèvecœur.

chit postérieurement après la mue, chez le coq; elle se mélange de plus en plus de blanc, avec l'âge, chez la poule. Les pectoraux, les cuisses, les jambes et les ailes sont bien développés. Les pattes sont fortes et munies de quatre doigts. La crête du coq se partage en deux cornes, quelquefois réunies à leur base, quelquefois ramifiées au dedans. Les barbillons sont longs et pendants. Les oreillons, blanchâtres, sont presque entièrement cachés sous les favoris et la huppe. Pattes noires ou ardoisées.

La poule a la crête, les barbillons et les oreillons très-courts; elle donne de fort beaux œufs, mais elle montre peu de disposition pour couver; son engraissement est facile.

Ce qui fait des poules de Houdan, de La Flèche et de Crèvecœur des races parfaites, c'est sans contredit leur excellente conformation. Leur ossature, relativement à leur volume, est très-légère, et leurs larges pectoraux font contraste avec ceux des Cochinchinois, si prônés, malgré leur aspect lourd et disgracieux. On ne sait que trop, par expérience, combien ces étrangers sont loin d'avoir réalisé toutes les merveilles qu'on leur supposait. La race, mal bâtie, presque sans ailes et sans pectoraux, développée à outrance dans son arrière-train, la moins prisée en cuisine, affligée d'une grosse voix enrouée, médiocrement chargée de chair, jamais fine et souvent grossière, n'a pour elle que d'être une bonne pondeuse et une couveuse émérite. Mais, ces qualités, elle n'est pas seule à les posséder : notre race commune les présente presque au même degré, et, de plus, elle lui est infiniment supérieure par sa chair extrêmement délicate et par sa rusticité passée en proverbe.

Quoique la poule commune soit la souche de variétés sans nombre, offrant les plus étranges disparates, il n'est pas difficile de ramener son vrai type à un signalement spécial. Sa tête, fine et petite, porte généralement, au lieu de huppe, une crête tantôt simple, et dans ce cas érigée et dentelée, tantôt dou-

ble et plus ou moins déjetée. Son bec, de couleur
rosée ou d'ardoise, est court et fort. Son œil est vif,
bien découvert; ses barbillons sont pendants et d'un
beau rouge. Son plumage, abondant, ne peut être rap-

Poule commune.

porté à aucune couleur uniforme, il varie à l'infini.
Dans un grand nombre, il est entièrement noir; chez
d'autres, au contraire, il est tout blanc; quelquefois
il est plus ou moins blond, et passe insensiblement

au jaune-roux; d'autres fois, il s'émaille de plusieurs teintes; d'autres fois encore, il tire sur le gris de perle, relevé, chez certains individus, de petits cercles noirâtres. Ces nuances sont les plus générales, mais souvent elles se fondent les unes dans les autres. A tort ou à raison, dans certains pays, les poules noires sont les plus estimées. De taille moyenne, la poule commune est modérément volumineuse et porte son corps arrondi sur des jambes fines et courtes; son ventre gros et pendant, est bien pourvu de plumes; son bassin est ample. Quand elle descend de bêtes bien soignées, ses pectoraux, ses cuisses et ses jambes sont suffisamment développés; ses ailes, longues, lui permettent un vol assez soutenu; sa queue, haute et droite, se partage en deux rangées de plumes; ses doigts, au nombre de quatre, sont pourvus d'ongles robustes, grattant énergiquement le sol.

Les allures de la poule commune sont vives. Douée d'un tempérament solide, elle se nourrit sans peine, et sait s'ingénier pour ne pas mourir de faim; pour peu qu'on la néglige, elle s'exerce à la maraude et y devient, en peu de temps, fort habile. Ses pontes sont à la fois précoces et abondantes et se continuent fort longtemps; elle couve sans difficulté et mène parfaitement ses poussins; enfin, sans avoir l'aptitude extraordinaire des Houdan, des La Flèche et des Crève-cœur pour l'engraissement, elle se met aisément en chair et devient rapidement assez grasse. Après les pièces de luxe, c'est assurément la volaille la plus savoureuse et de meilleure qualité. La poule commune est donc bien près de la perfection; celles qui se montrent médiocres pondeuses, qui couvent mal et restent maigres, proviennent de mauvais croisements, ou sont elles-mêmes mal conformées ou victimes d'un

mauvais régime : ces défauts sont tout individuels, la
race n'en est nullement responsable.

Le coq commun n'est pas inférieur à la poule ; la
fierté de son allure où tout respire le **courage** et la

Coq commun.

force, la splendeur de son plumage, son humeur ba-
tailleuse et tyrannique, en font le roi de la basse-cour.
Bien proportionné dans sa taille plus ramassée qu'é-
lancée, il est largement étoffé dans toutes ses parties ;
ses pattes, fines et nerveuses, sont armées d'un vigoureux éperon ; sa tête, ornée d'une crête bien dé-

coupée, laisse pendre, au-dessous du bec, deux barbillons d'un rouge vif; ses joues, découvertes, montrent un œil plein de feu, et s'accompagnent d'oreillons bien accusés; de longues plumes soyeuses encadrent son cou; sa queue s'ombrage d'un panache superbe, et tout son plumage, enrichi de couleurs variées, brille de reflets métalliques où le jaune doré, le vert, le violet et le noir chatoyants se mêlent avec éclat et harmonie : aucun coq, si perfectionné qu'il soit dans les races d'élite, françaises ou étrangères, ne saurait lui être comparé pour la magnificence.

« Le coq, dit Buffon, a beaucoup de soin et même d'inquiétude et de souci pour ses poules; il ne les perd guère de vue; il les conduit, les défend, les menace, va chercher celles qui s'écartent, les ramène et ne se livre au plaisir de manger que lorsqu'il les voit toutes manger autour de lui. A juger par les différentes inflexions de sa voix, et par les différentes expressions de sa mine, on ne peut douter qu'il ne leur parle différents langages. Quand il les perd, il donne des signes de regret. Quoique aussi jaloux qu'amoureux, il n'en maltraite aucune ; sa jalousie ne s'irrite que contre ses concurrents. S'il se présente un autre coq, sans lui donner le temps de rien entreprendre, il accourt l'œil en feu, les plumes hérissées, se jette sur son rival et lui livre un combat opiniâtre, jusqu'à ce que l'un ou l'autre succombe, ou que le nouveau-venu lui cède le champ de bataille. » Impétueux dans ses désirs, il ne connaît point d'obstacle, surveille, à chaque instant, son nombreux sérail, se choisit une favorite, et, sans négliger les autres poules, lui fait un accueil de prédilection en lui réservant toujours les meilleurs morceaux. Sa démarche est grave, son regard vif et hardi. Actif et vigilant, il est sans cesse occupé de ses poules, les avertit du danger, s'avance pour les défendre, et, quand il est obligé de céder à la force, il exprime sa colère par des clameurs suivies de murmures prolongés; veut-il appeler ses compagnes, il les invite à s'approcher par un gloussement doux et expressif; son chant ordinaire est tout différent, c'est une trompette éclatante qui se fait entendre la nuit comme le jour; après sa victoire, comme après ses succès, il se redresse fièrement, agite violemment ses ailes, en fouette ses flancs, et célèbre ses triomphes d'une voix retentissante.

LE POULAILLER.

Après avoir fait choix de la race, occupons-nous de son logement.

Le poulailler, dans un grand nombre de fermes, mérite à peine ce nom. Le premier trou venu semble assez bon pour y colloquer la volaille; que son gîte soit étroit, à peine aéré, mal éclairé, peu importe, on ne s'inquiète guère si cette prison malsaine exerce une influence quelconque sur les poules; leur constitution robuste en est cependant fort éprouvée, et les épidémies qui, de temps à autre, déciment les basses-cours, n'ont pas d'autre cause que l'insalubrité des logements.

Avant tout, le poulailler doit être exempt d'humidité, ce fléau mortel des poules; il est bien difficile de l'en préserver, quand il est en contact direct avec un terrain bas dont on n'a pas écarté les eaux par un bon drainage; c'est pourquoi il convient de l'établir à deux mètres environ au-dessus du sol, plutôt que de le faire partir de plain-pied : la volaille s'y rend, sans difficulté, au moyen d'une échelle : le dernier degré l'amène droit à son logis.

Quels que soient les matériaux qu'on emploie, briques, pierres, ou maçonnerie en cailloux avec chaux et sable, les murs du poulailler doivent avoir assez d'épaisseur pour défendre les poules du froid en hiver, et de la chaleur en été. Naturellement frileuses, elles aiment, à l'intérieur, une température douce, mais elles souffrent aussi beaucoup quand le poulailler devient étuve et que l'air s'y renouvelle difficilement ; dans cet état de gène, elles se lassent promptement de leur demeure, et sont tentées d'aller coucher à l'aventure. Le moyen le plus sûr pour prévenir toute désertion, est d'établir dans le poulailler des ouvertures correspondantes, l'une au levant, l'autre au couchant, afin que la ventilation soit toujours active ; pendant les beaux jours de l'été, on laisse portes et fenêtres ouvertes, dès que les poules sont sorties ; on les tient closes dans les mauvais temps et pendant la saison d'hiver, sauf à aérer chaque jour le poulailler, pendant quelques heures. Un grillage à mailles serrées est indispensable à chaque ouverture pour empêcher les bêtes malfaisantes de pénétrer dans le poulailler ; la porte, également, doit être fermée chaque soir, sous peine de voir renards, fouines, rats et belettes donner l'assaut à la volaille et la mettre bientôt à néant : ce soin regarde la fille de basse-cour, mais l'inspection de la ménagère n'y nuit jamais.

La meilleure orientation est celle du levant ; dès que le soleil se lève, les poules sont debout, toutes prêtes à quitter le perchoir pour aller picorer ; leur appétit s'éveille avec le jour ; elles n'aiment pas à perdre un coup de dent.

Les dimensions du poulailler doivent être en rapport avec le personnel qu'il abrite.

Les murs, à l'intérieur comme à l'extérieur, seront soigneusement crépis, afin de ne point donner prise aux carnassiers et aux rongeurs, et aussi afin d'écarter les insectes, toujours prompts à s'emparer des moindres fissures et à en faire leur repaire.

Plus le toit se prolongera sous forme d'auvent, mieux il mettra les poules à l'abri de la pluie; il leur servira, en outre, de refuge dans les mauvais temps : qui tient poules au sec, les garde en santé, dit le proverbe.

Le sol du poulailler peut être indifféremment une aire semblable à celle de la grange, ou bien carrelé, ou pavé de pierres reliées entre elles par une couche de ciment unissant toute la surface, afin que le nettoyage soit plus facile. Celui-ci ne présente aucune difficulté lorsqu'on a eu soin d'étendre un lit de sable ou de menue paille fréquemment renouvelée, à l'endroit où les poules passent la nuit; leurs déjections alors ne s'attachent pas au sol, la fermentation en est retardée, et leur enlèvement s'opère rapidement; pour cela, il est vrai, il ne faut pas laisser la fiente s'accumuler outre mesure; on en débarrasse le poulailler, tous les huit ou quinze jours, et on le lave chaque fois à grande eau.

Le mobilier du poulailler est fort simple, il consiste uniquement en juchoirs et en nids pour la ponte. Dans la plupart des exploitations, les juchoirs se composent de perches s'appuyant aux murs, et superposées les unes aux autres sur différents plans; elles ne sont même pas équarries. Leur forme ronde cependant ne convient pas à la volaille; ses doigts ne sont pas faits pour saisir, ils ne peuvent que poser à plat, et, comme les perches ne leur offrent qu'une mauvaise assiette, c'est à peine si les poules peuvent s'y maintenir en équilibre; à la longue, leur conformation s'en ressent gravement. Certaines poules ne les acceptent jamais sous la forme ronde, elles se réfugient alors dans un coin du poulailler, mais, s'y trouvant à nu sur le sol, au milieu des ordures et des parasites de toute espèce, elles y dorment mal, et, partant, sont toujours disposées à fuir, à la première occasion.

Les meilleurs perchoirs ont l'aspect de bancs; ils ne font corps, par aucun endroit, avec le poulailler; la planche qui forme le dessus ou le juchoir proprement dit, est entièrement plate, large de dix centimètres, et assez forte pour supporter, sans fléchir, un certain nombre de poules. On la blanchit au rabot, et on la revêt d'une bonne couche de peinture : sa hauteur ne dépasse pas 40 centimètres. Un autre juchoir, plus simple encore, consiste en une barre de bois plate d'une épaisseur semblable à celle du premier juchoir, à arêtes abattues, et de la longueur du poulailler. Ses extrémités bien équarries s'emboîtent dans deux tasseaux scellés dans le mur, sur chacun de ses côtés : cette barre se retire et se replace à volonté. Dans ce double système, nulle difficulté pour tenir les juchoirs constamment propres; les poules s'y trouvent toutes sur le même plan, ce qui assure la paix entre elles, tandis qu'avec les perches disposées en échelles, c'est à qui gagnera au plus vite le gradin le plus élevé; dès lors, contestations, disputes, coups de bec, bousculades, et parfois aussi chutes dangereuses.

Par suite d'une économie mal entendue, la plupart des poulaillers en France servent à la fois de logis et de pondoirs ; cette disposition cadre mal avec les habitudes des poules. Toute pondeuse recherche le calme et la solitude, il est aisé de les lui procurer ; il suffit de placer le pondoir à côté du poulailler, et d'en interdire l'entrée au premier venant, aux coqs surtout : ces despotes, pour rentrer plutôt en possession de leurs prétendus droits, ne se font aucun scrupule de pourchasser les mères jusque dans leur retraite ; ils bouleversent les nids, cassent les œufs et, à force d'importunités, obligent les couveuses à abandonner la partie pour reprendre leur vie habituelle de soumission absolue.

Le pondoir, exclusivement affecté aux poules qui pondent et qui couvent, n'a pas besoin d'autant de jour que le poulailler ; une demi-obscurité est même préférable : elle assure le silence, et contribue à maintenir les mères sur leur nid. On comprend sans peine que, détenues volontairement, pendant de longs jours, sans sortir à peine et sans prendre aucun exercice, les couveuses réclament impérieusement un air salubre, une température douce et une extrême propreté ; leur santé l'exige, et le succès des éclosions en dépend.

Les nids, avec les augettes pour le grain et les abreuvoirs, constituent le seul ameublement du pondoir. Autrefois les nids étaient généralement creusés dans l'épaisseur des murs, construits en briques, et placés, par rangées, les uns au-dessus des autres ; cette disposition règne encore dans un grand nombre de fermes ; beaucoup de ménagères leur préfèrent maintenant, comme plus économiques et d'un entretien plus facile, les paniers en osier, de forme demi-sphérique, tronqués postérieurement et fixés solidement au mur par deux crochets dans lesquels on engage la barre transversale du nid. Ils mesurent vingt-cinq centimètres de profondeur sur trente-cinq de longueur et autant en largeur, d'avant en arrière : on les garnit de paille brisée, laissant à la poule le soin de perfectionner son berceau. Suivant le nombre des couveuses, on dispose une ou plusieurs rangées de paniers le long des murs ; la première rangée se trouve à vingt centimètres au-dessus du sol, la dernière ne doit pas dépasser un mètre quarante centimètres d'élévation, pour que la poule puisse s'y rendre sans trop d'efforts : toutes sont en échiquier.

Le poulailler, ainsi que son nom l'indique, appartient de droit aux poules, et seules elles devraient y avoir leur domicile ; il s'en faut néanmoins qu'elles en disposent exclusivement ; dans plus d'une ferme, il sert à loger indistinctement toute espèce de volaille : abus déplorable et qu'il faut tâcher d'éviter. Quoique poules, canards, oies et dindons fassent communément bon ménage pendant le jour sur le même fumier, ils n'aiment nullement à passer ensemble la nuit en même dortoir ; les poules particulièrement sont très-méticuleuses à l'endroit du coucher ; elles ne cèdent pas volontiers leur juchoir, ce n'est que contraintes et forcées qu'elles le partagent avec les dindons : comment résister à si grosses bêtes ? Quant aux oies et aux canards, qui ne perchent pas, ils se voient confinés au rez-de-chaussée, exposés à tous les affronts des étages supérieurs ; jugez de leur situation ! Aussi, dès qu'on leur ouvre la porte, le matin, n'ont-ils rien de plus pressé que d'aller laver leurs souillures et de respirer au grand air. Pour toute volaille, le gîte en commun est un cachot odieux où l'air est bien vite empesté et vicié ; loin d'être un lieu de repos, il devient, en peu de temps, le rendez-vous d'une foule de parasites qui s'en donnent à cœur-joie aux dépens des pauvres victimes. A chacun donc son logis séparé ; aux poules leur poulailler, comme aux canards, aux oies et aux dindons leur toit spécial : on ne manque pas à cette règle dans les fermes bien tenues.

LA POULE ET SES HABITUDES.

Si bien organisé que soit un poulailler, il ne tient pas lieu de toutes les conditions exigées pour que la volaille puisse prospérer ; si commode et si parfait qu'on le suppose au point de vue de la salubrité, il n'est, en définitive, qu'une prison ; or les poules ont une passion d'indépendance qu'on ne contrarie pas impunément. La basse-cour ne leur suffit pas ; sans nul doute elles y vivent, mais, outre que leur entretien est plus coûteux quand on les tient en captivité, elles ne se développent jamais aussi vite ni aussi bien que lorsqu'elles ont de grands espaces à leur disposition. En général, elles aiment à courir et au loin, on en rencontre quelquefois à un demi-kilomètre de la ferme ; l'état casanier n'est qu'une exception chez elles : on serait tenté plutôt de leur reprocher leur vagabondage à travers champs, prés et vergers, le long des chemins et jusque dans les bois qu'elles hantent volontiers, malgré les hasards dangereux qu'elles y courent ; il en est d'elles comme de toute population nombreuse, chacun a son humeur particulière qui se plie, plus ou moins, à une discipline générale : à la ménagère de l'y amener sans contrainte par de bons traitements et par une nourriture sagement distribuée.

Dans les élevages de luxe, où l'on tient, avant tout,

à la pureté de la race et à des produits de haute qualité, on ne donne guères que cinq ou six poules au
coq ; on ne saurait trop ménager ce seigneur dans
l'intérêt de sa postérité. Mais dans les fermes où les
naissances nombreuses sont souvent un gain, ce
chiffre minime serait insuffisant ; un bon coq, jeune
et vigoureux, peut aisément s'arranger de douze ou
quinze poules, sans craindre de rester au-dessous de
sa tâche.

Ses qualités de reproducteur s'annoncent de bonne
heure ; à deux mois, il essaie déjà sa voix rauque en
fausset ; dès l'âge de trois mois, ses appétits de sultan
se révèlent ; il commence à faire la cour aux poules,
s'approche d'elles, cauteleusement, d'un pas obli-
que, accéléré, baissant les ailes, avec un murmure
expressif et un mouvement de trépidation très-accen-
tué : il est à peine emplumé, qu'une jalousie instinc-
tive le pousse contre ses compagnons d'âge, en qui il
devine de futurs rivaux ; le bravache nouvellement
éclos a déjà toutes les allures de la colère, et s'exerce
volontiers à ferrailler en attendant des pugilats plus
sanglants ; il élèverait même plus haut ses préten-
tions, si quelque vétéran, étonné de son audace, n'ac-
courait le dissuader de ses entreprises, et, par un coup
de bec, ne rappelait le morveux à la raison.

A un an, le coq est dans toute sa vigueur. Il en
jouit jusqu'à quatre et cinq ans lorsque la nourriture
ne lui fait pas défaut. Sa longévité se prolonge bien
au delà ; mais, à partir de la cinquième année, son
énergie baisse sensiblement : on n'attend pas, en général, qu'elle s'éteigne tout à fait dans la vieillesse ;
on le réforme vers ce temps, pour n'être pas exposé à
n'avoir que des œufs clairs.

C'est dans le but d'obvier à cet inconvénient qu'on

ne s'attache pas rigoureusement au chiffre réglementaire d'un mâle pour douze femelles, on a toujours en réserve quelques jeunes suppléants pour parer aux accidents, ou pour prendre la place des anciens sur le point de prendre leur retraite. A coup sûr les nouveaux récipiendaires auront maille à partir : avec leurs devanciers, les premiers jours de leur entrée en fonctions ; les batailles pleuvront, surtout si le champ clos est étroit ; mais, après avoir mesuré leurs forces, les divers champions sauront à quoi s'en tenir sur leur valeur respective ; les poules, spectatrices intéressées de ces luttes, choisiront entre les combattants; vainqueurs et vaincus auront, en définitive, chacun leurs troupes, et s'y cantonneront lorsque la paix aura été tacitement conclue.

Les poules s'attachent facilement au sultan qu'elles se sont donné ; d'elles-mêmes, elles se placent sous sa tutelle, acceptent son gouvernement absolu, et se rendent avec empressement à son moindre appel, encore qu'il ne soit pas toujours désintéressé; sans lui être précisément inféodées, elles lui sont constantes, et passent rarement dans un autre camp, à moins que quelque caprice, leur trottant par la tête, ne les dégoûte de leur despote : cette lubie les prend quelquefois, la cause n'en est pas bien connue.

Aussi vives, mais moins pétulantes que leur mâle, les poules se montrent plus douces, partant plus timides ; elles ne se laissent vraiment approcher que de la personne qui les soigne d'habitude; le moindre objet étranger qui frappe subitement leurs regards, les effarouche et les met aussitôt en fuite ; leur retour, il est vrai, ne se fait guère attendre. Peu ou point querelleuses de leur nature, elles n'ont de disputes entre elles que pour faire pièce à celle qui a trouvé

quelque morceau friand : emportées par la tentation,
elles la poursuivent avec acharnement, et lui rendent,
pour le moins, la digestion désagréable par leurs incessantes importunités, quand elles ne parviennent
pas à lui enlever du bec le vermisseau convoité. Malgré leurs dispositions pacifiques, il leur arrive quelquefois cependant de faire acte de férocité ; qu'une
d'entre elles, victime de quelque gamin sans pitié,
soit blessée de manière que le sang coule, à l'instant
toutes se jettent sur elle, assaillent à coups de bec la
malheureuse, et l'accablent jusqu'à ce que mort s'en
suive : qui expliquera cette barbarie sauvage? un
goût effréné pour la chair peut seul en rendre raison.
Comme circonstance atténuante, les perdrix elles-
mêmes sont sujettes à de semblables accès de fureur ;
nous en avons été personnellement témoin. A vrai
dire, elles se trouvaient en captivité; l'esclavage, sans
doute, les avait dénaturées.

La voix des poules, moins retentissante que celle
du coq, ne laisse pas que d'être variée et d'avoir son
langage. Naturellement babillardes quand elles ne
sont pas occupées de fonctions graves, elles caquettent
entre elles du matin au soir, et, faute de mieux, jasent
toutes seules en forme de conversation ; la nuit, toutefois, elles font silence et laissent la parole au coq.
Quand elles viennent de pondre, elles annoncent leur
délivrance par une suite de notes sonores; toujours,
d'autres commères leur répondent avec le même
transport; le coq, à son tour, salue cette nouvelle par
une joyeuse fanfare. Tout autre est leur accent quand
elles sont mères; leur voix devient tout à coup enrouée, détonne en un gloussement bref et grave que
comprennent fort bien les poussins; il passe subitement au ton aigu et prolongé à la vue du rapace pla-

nant au haut des airs ; c'est alors le cri de sauve-qui-
peut qui retentit; tous les petits de se blottir aussitôt
dans l'herbe, dans les buissons, sous la première pierre
venue, partout où ils peuvent ; un appel tout différent,
exprimant la confiance et la sécurité, les rallie autour
de leur mère, lorsque le brigand a disparu.

Certaines poules, quand elles sont jeunes, cherchent
à reproduire le chant du coq, mais elles ont beau
s'arcbouter sur leurs pattes, tendre le cou et redou-
bler d'efforts, leur gosier reste ordinairement en
route et s'égare finalement dans un ramage avorté ;
ces velléités malheureuses, qu'en certains pays on regarde à tort comme pronostics d'infécondité, ne per-
sistent pas au delà du premier âge. Une fois adultes,
ces chanteuses incompréhensibles reviennent à leur
gamme naturelle, et ne sont pas moins bonnes pondeuses que celles qui n'ont pas cette manie d'imita-
tion.

Les poules sont très-voraces, et, partant, peu difficiles en matière de nourriture. En dehors de l'incubation et de l'éducation des poussins, manger est leur
principale affaire ; aussi sont-elles sans cesse occupées à gratter la terre, bouleverser les fumiers, explo-
rer le fond des herbes et fouiller des choses sans
nom, pour assouvir leur faim insatiable. Tout leur
est bon, elles font pâture de tout, et tout leur profite;
fruits, grains, légumes, racines, débris de toute nature, vers et insectes, sont également de leur goût;
elles pondent d'autant plus qu'elles mêlent à leur régime de granivores une plus forte dose animale. Rien
n'échappe à leurs investigations. Les semences les
plus ténues sont leur butin journalier ; la mouche au
vol rapide évite rarement, le long des murailles, leur
coup de bec lancé comme un dard ; le ver de terre, si

prompt à se contracter, montre à peine sa tête, qu'il est happé, avant d'avoir pu s'enfoncer dans son trou; jamais glaneuse ne sut mieux que les poules ramasser jusqu'au moindre épi oublié; heureux quand elles attendent que la moisson soit faite, et qu'elles ne la devancent pas par des ravages anticipés! Leur ardeur à poursuivre leur butin tient réellement du prodige; jamais elles ne s'arrêtent dans cette besogne; à peine repues, elles recommencent leurs chasses; grâce aux nombreux graviers qu'elles avalent et aux muscles puissants dont leur gésier est armé, leurs aliments, quelque durs qu'ils soient, sont bien vite broyés, triturés; leur digestion est sans relâche comme leur appétit qu'un rien éveille et qui jamais ne s'éteint.

Avec des facultés d'estomac si énergiques, les poules cependant ne coûtent guère à nourrir, du moins pendant la plus grande partie de l'année; tant qu'il fait beau et qu'elles peuvent se répandre au dehors, les champs et les pâtures leur fournissent la majeure partie de leur subsistance, et la ménagère, pour ne pas les rendre trop pillardes et trop sauvages, n'a qu'à leur jeter quelques poignées de criblures, le matin, dès la sortie du poulailler, et le soir, une heure avant leur coucher : cette double distribution suffit; on se borne même souvent à celle du matin dans la belle saison. Il en serait autrement, si, au lieu de vaguer en pleine liberté, elles étaient renfermées dans l'enceinte d'une basse-cour; les repas devraient être et plus copieux et plus répétés; trois et quatre distributions par jour seraient indispensables; encore les poules, dans cette demi-captivité, seraient-elles moins bien nourries que si elles étaient leurs propres pourvoyeuses : leur dépense d'entretien, dans ce cas, serait plus que doublée.

Quoique la poule boive, elle n'aime pas l'eau ; on
ne la voit jamais se baigner ; les seuls bains qu'elle
prenne, sont des bains de sable, plus utiles pour elle
qu'on ne le suppose généralement, car ils servent à la
débarrasser de ses parasites. Comme la plupart des
gallinacés, elle se poudre énergiquement, sans nul
souci de sa personne, se creuse une espèce de nid
dans la poussière, s'y trémousse et s'y vautre avec
délices, et quand elle s'y est commodément installée,
la patte allongée et l'aile étendue au soleil, elle s'a-
bandonne voluptueusement au sommeil, à l'heure la
plus chaude du jour. Le coq, lui aussi, fait la sieste,
mais avec plus de respect de lui-même : il s'accroupit
simplement à terre, sans se poudrer à fond ; au sortir
de ce repos momentané, il se secoue avec force, ré-
pare le désordre de ses plumes, les lustre et les repasse avec son bec, et se montre aussi coquet dans sa
toilette, que la poule y est indifférente : c'est absolument l'inverse de ce qui se passe chez les humains.

PONTE ET INCUBATION.

Lorsque la température n'est pas trop froide, les
poules, bien constituées et bien nourries, commencent à pondre dans le courant de janvier ; mars, avril
et mai sont les mois où la ponte est la plus active ; elle
continue pendant tout l'été, et s'arrête au moment de
la mue, alors qu'une partie de la nourriture, détour-
née de son cours ordinaire, est employée au renou-
vellement des plumes qui tombent.

Pour que ponte il y ait, l'intervention du coq n'est
nullement nécessaire ; les œufs naissent et se développent naturellement dans la grappe ovarienne ; à

l'époque de leur maturité, ils sont expulsés en dehors, mais ce ne sont que des œufs clairs : le principe vital ne les anime qu'autant qu'ils ont été préalablement fécondés.

Toutes choses d'ailleurs égales, la ponte est plus abondante chez les poules de première et de seconde année que chez les autres : à partir de la troisième année elle va toujours en diminuant ; aussi, lorsqu'on a surtout en vue la production des œufs, ne garde-t-on, comme pondeuses, que les poules de un et deux ans : toutes les autres sont réformées, et s'en vont au marché ou à l'épinette.

La fécondité est très-variable chez les poules. Les meilleures, au plus fort de la ponte, pondent quatre ou cinq jours par semaine ; quelques-unes, à cette époque, pondent tous les jours, mais, en général, elles se reposent de deux jours l'un. 150 à 200 œufs par année constituent une excellente production individuelle.

Les pontes se partagent en deux époques : celle du printemps ou ponte précoce, et les pontes tardives, correspondant aux mois d'août et de septembre. Les poules qui ont élevé leurs poussins se remettent ordinairement à pondre dans cette saison ; mais, pour peu que les froids arrivent de bonne heure, les dernières couvées restent chétives et sont exposées à mal passer l'hiver.

Les signes auxquels on peut reconnaître une bonne pondeuse avant qu'elle ait fait ses preuves, ne sont pas faciles à déterminer. Cependant le rouge vif de la crête et des barbillons, l'oreillon bien prononcé et franchement blanc, l'artichaut développé et les plumes luisantes sont regardés comme d'excellents indices ; mais il s'en faut qu'ils soient infaillibles. A

défaut de caractères plus importants, il semble préférable de s'attacher aux qualités de races : les poules,
par exemple, provenant de générations bien conformées, abondamment nourries et chez lesquelles la fécondité est devenue, en quelque sorte, héréditaire,
offriront plus de garantie que des marques de second
ordre, toujours susceptibles d'altération ; la fécondité
transmise par voie de descendance ne se perd pas tout
à coup, et puis, n'a-t-on pas la ressource de la retenir
au moyen d'une bonne hygiène, quand le sujet n'est
pas d'une constitution défectueuse ?

L'état d'entretien où se trouvent les poules, exerce
sur leur ponte une influence qu'on ne saurait nier.
Celles qui tournent à la graisse, pondent peu, et leurs
œufs sont souvent hardés, c'est-à-dire revêtus d'une
simple membrane, au lieu de la coquille qui doit les
envelopper. La maigreur n'est pas moins préjudicia-
ble : les œufs, dans ce cas, sont petits et rares. Les
bonnes pondeuses se rencontrent, d'ordinaire, entre
les deux extrêmes, chez les poules en chair.

La chaleur joue également un grand rôle dans la
ponte. Dans les temps de hâle, par l'extrême séche-
resse, comme par l'extrême chaleur, les pontes sont
interrompues. Dans les pays où le thermomètre se
maintient habituellement à 18 degrés centigrades, les
poules ne cessent de pondre qu'au temps de la mue ;
dans les climats moins favorisés, on supplée à la chaleur naturelle en plaçant les poules dans une température artificielle ; on les installe temporairement dans
les étables, les écuries, les bergeries ; elles y trouvent
une atmosphère tiède et du fumier qui réchauffent
leurs pattes ; dans ces conditions, il ne faut plus
qu'une nourriture stimulante, sarrazin ou chènevis,
et un jeune coq entreprenant, pour se procurer des

œufs frais pendant la morte-saison. Le bétail seul n'a pas à se féliciter de cette organisation ; les poules sont, à chaque instant, dans leurs crèches, dans leurs râteliers ou sur leur litière, elles n'y laissent que trop de traces de leur séjour.

La poule qui éprouve le besoin de pondre, trahit son secret par une allure inquiète, désordonnée ; elle va et vient, tout affairée, caquette sans cesse, examine et visite chaque endroit pour y cacher ses œufs ; souvent elle les enfouit sous des fagots, sous des amas de paille, ou bien elle va les mettre en sûreté dans le grenier à foin. Tant qu'elle ne sort pas de la basse-cour, ce n'est que demi-mal : on en est quitte pour en faire la recherche, ils ne sont pas perdus. Le plus grand nombre de poules s'accoutume facilement à pondre dans le poulailler, surtout quand elles sont certaines d'y trouver la tranquillité ; mais il en est d'autres, plus craintives ou plus sauvages, qui se croient obligées d'aller chercher au loin un endroit isolé où personne ne les découvre ; si on n'épie pas leurs démarches, un beau matin, elles décampent, et on ne les revoit plus que lorsque toute leur nichée est éclose ; elles reviennent alors triomphantes à la ferme, à la tête d'une troupe nombreuse, pleine d'entrain et de santé. Ces couvées furtives, où la nature a repris ses droits, ne sont pas toujours celles qui réussissent le moins : il leur suffit d'échapper aux misères du premier âge, pour se fortifier en peu de temps, et se faire un tempérament à tout braver : vents, pluies et tempêtes ne les éprouvent même plus. Mais c'est courir trop de risques que d'abandonner la poule à ses instincts de vie sauvage ; indépendamment des pluies torrentielles qui noient parfois la mère avec ses petits, le renard et autres bêtes puantes sont là, tout prêts à renverser le pot au lait de Perrette, en croquant la fugitive ; le bon ordre, d'ailleurs, veut que la ponte et ce qui s'ensuit ne se passent pas hors de la ferme ; on surveillera donc avec soin toute pondeuse qui ferait mine de vouloir s'écarter ; on la laissera jouer son jeu, mais, une fois la cachette éventée, et la ponte faite, on enlèvera, au fur et à mesure, les œufs, jusqu'à ce que, de guerre lasse, la récalcitrante imite ses compagnes et se contente du poulailler.

La surveillance, bonne en tout temps, devient indispensable à l'époque des pontes. La plupart ont lieu le matin, depuis l'ouverture du poulailler jusqu'à midi, mais plus d'une poule pond à d'autres heures. Quelques-unes alternent ; aujourd'hui, elles pondent le matin, et demain ce sera le soir ; cette régularité cependant n'est pas absolue. Le régime alimentaire, la constitution propre de chaque poule, et d'autres causes encore ignorées, amènent bien des exceptions à ce qui semblait tout d'abord une loi fixe.

Les poules continuent de pondre plus ou moins régulièrement, jusqu'à ce qu'elles aient produit un certain nombre d'œufs ; on enlève chaque fois ces derniers ; et, selon l'usage qu'on veut en faire, on les traite d'une manière spéciale. Veut-on les garder pour la consommation, il s'agit de s'opposer à la transpiration, d'empêcher qu'une partie des fluides qui les remplit ne s'évapore. On prend un morceau de chaux vive, on le plonge dans une jarre ou tout autre grand vase plein d'eau, et, vingt-quatre heures après, lorsque le liquide a perdu toute la chaleur que la chaux, en fusant, lui avait communiquée, on immerge les œufs avec précaution, et de manière que le dernier lit supérieur soit recouvert de quelques centimètres d'eau : ils se conservent ainsi, parfaitement, pendant quatre

et cinq mois. De tous les procédés recommandés, c'est
le plus simple ; l'eau, chargée de calcaire, enduit les
œufs et bouche leurs pores ; dès lors, l'air n'y a plus
qu'un accès insensible, l'évaporation se produit à peine,
et la conservation est assurée pour un certain temps :
du reste, tout corps gras, huile, graisse, ou vernis, qui
s'oppose à l'évaporation de l'œuf, amène un résultat
analogue ; le sel et les cendres peuvent être également
employés à cet usage : on y plonge les œufs étendus
lit par lit. Lorsqu'on destine les œufs à être couvés,
on ne leur fait subir aucune préparation ; on se borne
à les déposer, dès qu'ils sont pondus, dans un panier
qu'on suspend dans un endroit sec et frais, et dont la
température soit peu variable ; ils peuvent rester dans
cet état pendant trois semaines, sans perdre leur vi-
talité ; au delà de ce terme, l'éclosion est fort dou-
teuse.

La poule qui veut couver manifeste son désir en
restant d'abord plus longtemps que de coutume sur
son nid. Si ce n'est, de sa part, qu'une simple vel-
léité, elle ne passera pas la journée entière dans le
pondoir ; mais si elle persiste à y demeurer, si elle
glousse, si elle hérisse ses plumes et donne des signes
d'inquiétude et de sauvagerie, son intention, pour le
coup, est sérieuse ; le besoin de couver deviendrait
bientôt chez elle une passion, et passion si impérieuse,
qu'elle parlerait plus haut que la faim. Dans cette extrémité, il serait peu sage de la laisser s'épuiser en
pure perte. Rien n'empêche de la satisfaire si la
ponte est entièrement terminée ; on lui abandonne
à titre d'essai, quelques œufs de sa première période
ou même de simples œufs de plâtre, et si elle se
comporte bien, on l'admet définitivement aux honneurs de l'incubation. Mais si elle n'avait encore donné

qu'un petit nombre d'œufs, il y aurait préjudice à céder à sa fantaisie ; on lui ferait passer son goût prématuré de couveuse en la mettant en charte privée, sous une mue, dans un endroit obscur, sans lui donner à manger, mais simplement à boire : vingt-quatre heures de captivité diététique calmeront ses ardeurs ; après ce temps, on lui rendra la liberté, et dix jours ne se passeront pas qu'elle ne se remette à pondre.

Une poule de moyenne taille peut couver de douze à quinze œufs ; la dinde, excellente couveuse, peut en recevoir le double ; on économise ainsi une mère nourrice par couvée, et l'on se ménage une pondeuse de plus. Vingt-quatre heures après avoir donné à une poule le nombre d'œufs qu'elle doit couver, on ne doit plus en ajouter d'autres, même pour remplacer ceux qui auraient été cassés ; sans cela, on s'exposerait à des éclosions irrégulières, toujours difficiles à mener à bonne fin, parce que la poule est sujette à abandonner les œufs qui n'éclosent pas dans la même journée.

Le choix des œufs qu'on veut faire couver est très-important. On donne généralement la préférence aux plus gros, à ceux qui proviennent de poules ayant atteint tout leur développement. Les plus frais, c'est-à-dire ceux qui n'ont pas plus de huit jours, sont les meilleurs, ils éclosent plus vite et produisent des poulets plus vigoureux. Ceux des poules favorites, auxquelles le coq prodigue ses caresses, sont particulièrement recherchés, parce qu'on suppose, non sans quelque raison, qu'ils ont moins de chance d'être clairs.

Certaines qualités sont aussi exigées des couveuses, car toutes les poules ne sont pas également aptes à cette fonction. On veut que la couveuse ait bon caractère, qu'elle se laisse approcher sur son nid, et même qu'elle s'y laisse prendre sans difficulté; il faut, de plus, qu'elle soit d'une excellente constitution, qu'elle ait de l'ampleur, que son aile soit bien développée, et qu'elle soit bien garnie de plumes; les poules d'humeur sauvage compromettent autant les nichées que celles qui sont étroites de bassin et médiocrement emplumées : si ces dernières échauffent mal leurs œufs, les autres font pis encore : par leurs brusqueries et leurs mouvements emportés, elles en cassent une partie; quant aux poules assez mal apprises pour les manger, il n'y a qu'un remède à leur appliquer, c'est de les manger elles-mêmes; de cette manière, elles ne transmettront pas ce vice à leur descendance. Toutes choses égales, les poules de deuxième et de troisième année sont, en général, meilleures couveuses que les jeunes poules; elles ont, sur elles, l'avantage d'une expérience qui n'est pas seulement de l'instinct, mais qui s'est développée et perfectionnée avec le temps.

Les œufs, une fois sous la poule, ne doivent plus être touchés; il faut lui laisser le soin de les retourner à son gré, de les remuer tour à tour avec son bec, de la circonférence au centre, et du centre à la circonférence, pour leur communiquer une part égale de chaleur : nul ne sait mieux le faire qu'elle-même.

Plus encore qu'au pondoir, le silence et le calme le plus parfait sont de rigueur pendant l'incubation ; le métier de couveuse est assez pénible pour qu'on ne complique pas les soins de la maternité par d'autres inquiétudes; il faut placer la poule dans une demi-obscurité, la laisser se recueillir au milieu d'une température de 18° environ, ni trop sèche, ni trop humide, et interdire toute visite qui n'aurait que la curiosité pour but. Il est des cas, cependant, où il ne faut pas craindre de déranger les couveuses. En général la poule, si persévérante qu'elle soit pour ses œufs, les quitte, lorsque la faim la presse, pour aller boire et prendre son unique repas. Au bout d'un quart d'heure, après s'être vidée, elle se pose de nouveau sur son nid. Mais il est des couveuses si ardentes, qu'elles garderaient obstinément leur position, dussent-elles périr d'inanition ; on est obligé, dans ce cas, de venir à leur secours ; on les lève, une fois par jour, pour les faire manger, et on les remet ensuite avec précaution sur leurs œufs. Il est, enfin, une circonstance particulière où il est nécessaire de troubler momentanément le repos de la couveuse, c'est lorsqu'on veut savoir si les œufs mis à couver ont les qualités requises pour éclore ; on s'en assure par le mirage. Cette opération ne présente aucune difficulté. Prenez un œuf d'une main ; placez-le, par le petit bout entre le pouce et les deux doigts suivants, présentez-le à la lumière, de manière que le gros bout soit libre ; faites ensuite ombre au-dessus avec l'autre main, de telle sorte que la lumière le traverse : s'il est clair ou mauvais, sa transparence sera parfaite ; s'il est bon ou fécondé, le gros bout présentera un point obscur, c'est l'embryon, en d'autres termes, le poulet dans les premiers éléments de son organisation.

Avant l'incubation, toutes les parties qui composent le fœtus sont invisibles par suite de leur exiguïté, de leur fluidité et de leur transparence ; mais à mesure que la poule, placée sur ses œufs, leur communique la chaleur qui lui est propre, le germe prend, de plus en plus, de la consistance, et se développe dans l'ordre suivant : Après cinq ou six heures d'incubation, on distingue déjà la tête et l'épine dorsale nageant dans la liqueur dont est remplie la bulle placée au centre de la cicatricule ; sur la fin du premier jour, la tête s'est déjà recourbée en grossissant ; dès le second jour, on voit les premières ébauches des vertèbres, le cœur est pendant, il bat, et le sang circule. Le troisième jour, le cou et la poitrine se sont débrouillés. Le quatrième jour, les yeux et le foie sont visibles ; le cinquième, l'estomac et les reins apparaissent ; le sixième jour, les poumons se dessinent ainsi que la peau sur laquelle les plumes commencent à poindre. Le septième jour, le bec et les intestins se montrent ; le huitième, les ventricules du cœur et la vésicule du fiel sont à découvert ; le neuvième jour, les ailes et les cuisses sont bien accusées, et les plumes continuent de sortir ; le dixième, toutes les parties qui constituent le poulet sont à leur place et présentent la forme qui les caractérise. Les jours suivants sont consacrés au développement de tout l'organisme, il achève de prendre l'accroissement dont il est susceptible dans l'œuf. Vers le 17e ou 18e jour, selon que la température est plus ou moins favorable, on entend les petits chanter dans la coquille. Le 19e ou le 20e jour, ils se mettent à bêcher ; pour les uns, la délivrance n'est qu'une affaire de quelques heures ; pour les autres, au contraire, elle n'arrive qu'après vingt-quatre heures de rude labeur, parfois même le poulet s'y épuise sans succès. A toute rigueur, *quand il n'y a plus d'autre ressource*, on peut essayer de lui venir en aide ; mais quand la nature ne vient pas, toute seule, à bout de l'entreprise, rarement on a chance de réussir, car la moindre blessure tue rapidement le poussin ; enfin, le 21e jour, au plus tard, toute la couvée a vu le jour ; la

mère poule, toute joyeuse, oublie ses longues fati-
gues, et descend de son nid : sa tâche de couveuse
est accomplie, son rôle de nourrice va commencer.

ÉDUCATION DES POULETS.

Les poussins n'éclosent pas tous à la fois. Il en est
qui, pour certaines causes plus ou moins connues,
viennent plus vite au jour que les autres ; si l'on at-
tendait que le dernier retardataire eût forcé sa prison,
la mère, partagée entre le désir d'achever sa tâche de
couveuse, et l'instinct qui la porte à s'occuper des
premiers-nés, pourrait fort bien quitter prématurément son nid, ce qui exposerait les derniers œufs à
se refroidir et entraînerait la perte des petits à éclore.
Pour obvier à cet inconvénient, quand il y a inégalité
dans les éclosions, on prend les premiers-nés, les uns
après les autres, on les met, près du feu, dans une
corbeille ou un panier matelassé, à l'intérieur, de
plumes, d'étoupe ou de laine ; toute la nichée une
fois hors de la coquille (opération qui s'accomplit ordinairement dans l'espace de vingt-quatre heures),
on rend les petits à la mère qui s'empresse de les cacher et de les réchauffer sous ses ailes ; elle s'acquitte de ce soin infiniment mieux que la meilleure
couveuse artificielle : ne médisons pas cependant de
cette invention, elle a son prix, lorsqu'un accident
vient à faire périr la mère-poule, et qu'on n'a pas
immédiatement une autre couveuse sous la main pour
la remplacer.
Le premier jour de leur naissance, les poussins
peuvent parfaitement se passer de nourriture, mais
il ne faut pas oublier d'en donner à la mère : elle l'a

bien gagnée, vraiment, l'héroïque couveuse! Si l'on a
une autre couvée plus ou moins complète et du
même âge que les petits récemment éclos, on les marie ensemble, de manière à ne former qu'une seule
famille; la mère à laquelle on enlève sa progéniture,
est mise à part, de telle sorte qu'elle ne la voie plus;
au bout de quinze jours de séparation, elle n'y pensera
plus et se remettra bientôt à pondre; l'autre adopte
sans coup férir les nouveaux-venus si on les lui apporte
dans les premières douze heures; plus tard, elle ne
les accepte pas sans contestation.

Lorsque les couvées sont très-précoces, il est bien
rare qu'on puisse, aussitôt la naissance, les exposer à
l'air libre; la saison, à cette époque, est généralement
froide et sujette à de brusques changements de température; c'est pourquoi l'on transporte la poule avec
ses petits dans une pièce chaude, garnie suffisamment
de menue paille, et on les y garde pendant plusieurs
semaines en les nourrissant avec un soin tout particulier.

Dans les éclosions ordinaires, on ne prend pas tant
de précautions. Dès le lendemain de la naissance, si
l'on est à la fin du printemps, et surtout s'il fait très-
chaud, on laisse la mère et ses petits aller et venir dehors pendant une partie de la journée, en évitant de
les sortir de trop bon matin, et en ayant soin de les
rentrer de bonne heure le soir, avant que la température ait sensiblement baissé. Souvent encore,
quand le temps est beau et la saison peu avancée, on
met ensemble, pendant une couple d'heures, la mère
et les petits sous une mue, dans un endroit de la
cour exposé au soleil et préservé du vent; si les
rayons étaient trop vifs, on abriterait la nichée avec
une toile ou une bonne poignée de paille. A mesure

que les poussins croissent et se fortifient , on les
laisse plus longtemps, chaque jour, au grand air : il
leur vaut mieux que celui d'une chambre fermée,
toutes les fois, bien entendu, qu'il ne pleut pas et que
le temps est doux : tous les jours, on les rentre dans
un local à leur usage exclusif ; ils seraient trop
mal avec les adultes, gens tapageurs et criards, et,
de plus, foncièrement égoïstes.

Les repas commencent avec le second jour. Il faut
aux poussins une table particulière, les gros grains
n'iraient pas, au début, à leur jeune estomac. On
leur compose une pâtée avec de la mie de pain bien
émietté, de la salade ou de l'oseille hachée menu,
quelque peu de petit millet et des œufs durs, le tout
parfaitement mélangé, sans être pressé ni manié, et
sans former une pâte compacte. Certaines ménagères
remplacent les œufs par du caillé et s'en trouvent
bien ; cependant, lorsque quelques poussins se dé-
voient, l'œuf dur, jaune et blanc compris, a son mérite, bien que ce soit un petit surcroît de dépense. Au
sortir de la coquille, les petits ne savent comment
piocher dans leur pâtée, la mère-poule leur apprend
à s'en servir. « Toute bouffie, dit M. Jacque, et
tout ébouriffée, partagée entre la joie de couvrir sa
nombreuse famille et la crainte de se la voir enlever,
elle appelle, de petits cris significatifs, ses poussins ;
ils ont bien vite compris, les innocents ! on les voit
aussitôt accourir de toutes parts, flageolant sur leurs
petites jambes encore mal assurées. La mère fait
semblant de manger pour leur montrer comment on
s'y prend, leur brise en menues miettes la mie de
pain un peu trop forte, et en présente, tantôt aux
uns, tantôt aux autres ; la leçon n'est pas longue à
porter ses fruits ; chacun d'abord fait quelques essais

infructueux, puis, au troisième ou quatrième coup de bec, finit par saisir une miette ou un grain de mil, et tout le monde de déjeuner copieusement. »

Pour mieux digérer, la couvée se glisse sous la mère ; elle s'y tapit aussi, afin de s'envelopper de la chaleur dont elle a surtout besoin à cet âge ; elle n'a, en effet, en venant au monde qu'un léger duvet pour tout vêtement : aussi redoute-t-elle extrêmement la moindre impression de froid ou d'humidité ; presque toujours elle se tient alors sous la poule, comme sous un calorifère vivant.

Dès leur naissance, les poussins manifestent leur excellent appétit, il ne leur faut pas moins de six à huit repas par jour ; toujours ils piaillent la faim, comme s'il semblait qu'on ne pourra jamais les rassasier. La mère, pendant ce temps, ne doit pas être oubliée ; on lui donne largement sa ration de grain, blé, orge, sarrazin ou maïs, ce qui ne l'empêche pas de faire encore table rase de tout ce que les petits ont oublié ; elle a tant à réparer après vingt et un jours de couvaison ! Son besoin de boire est aussi très-fréquent, il ne faut pas la priver de ce plaisir ; que l'eau lui soit toujours donnée abondante et fraîche. Quelques petits, en la voyant boire, chercheront à l'imiter ; d'autres s'initieront à ce secret en se laissant cheoir le bec dans l'eau. Une goutte y restera peut-être ; par le mouvement vertical de la tête, elle coulera dans leur gosier ; surpris et charmés de cette bonne fortune, ils reviendront aussitôt à la charge ; du coup, les voilà initiés aux mystères de la vie.

Jusqu'au quinzième et mieux encore jusqu'au vingtième jour à compter de l'éclosion, on continue le même régime alimentaire ; mais, à mesure que les poussins se développent, on ajoute du petit blé à leur

pâtée, et l'on supprime graduellement les œufs durs.
Les grains seront distribués soit à terre, soit dans
une augette, et toujours à proximité de la mère, afin
que les petits s'accoutument à son appel, et apprennent de plus en plus à lui obéir ; leur esprit d'indépendance ne les porte que trop à s'en écarter et à n'agir
que selon leur fantaisie.

Le sixième jour n'est pas arrivé, que les poussins
cherchent déjà à s'échapper à travers les barreaux de
la cage qui les abrite, ou par l'ouverture qu'on leur a
ménagée en soulevant la mue sur un de ses côtés ;
cette mue, prison temporaire de la poule, est pour
eux un lieu de refuge ; à la moindre alerte, le cri de
la mère les y convoque ; elle est en même temps
leur garde-manger approvisionné à heures fixes, sous
la protection de la poule qui n'y laisse pénétrer aucun
intrus ; ils y trouvent, de plus, de l'eau à discrétion
dans l'assiette creuse qu'on a eu soin d'y placer.

C'est à peu près vers ce temps que la poule, rendue
à la liberté, commence à conduire sa troupe. Une
fois qu'elle est à la tête de ses poussins, elle ne vit
plus que pour eux, un changement radical s'est opéré
dans ses habitudes. De nature vagabonde, vorace et
craintive, du moment qu'elle est devenue mère, elle
s'est faite tout à coup sobre et frugale, elle a re-
noncé à courir et elle est prête à se montrer coura-
geuse jusqu'à la témérité. Sa démarche est lente et
grave, appropriée à ses augustes fonctions ; ses pas
sont mesurés sur ceux de ses poussins. Uniquement
préoccupée de leur bien-être, elle est, du matin au
soir, en quête de leur nourriture, à la recherche des
meilleurs endroits. Ses promenades sont de tous les
instants, mais proportionnées à la faiblesse de ceux
qu'elle est appelée à diriger. Au milieu de ses allées

et venues, on la voit tout à coup s'arrêter, s'accroupir au soleil, gonfler son plumage, arrondir ses ailes en berceau et inviter ainsi ses nourrissons à venir se reposer et se réchauffer ; les bambins ne se font pas prier. Rien de joli comme de les voir pittoresquement groupés autour de cette bonne mère de famille : c'est à qui se mettra à la fenêtre à travers un bout d'aile, et montrera sa petite tête éveillée, entièrement caché, du reste, sous le plastron maternel ; quelques-uns lui becquètent le cou, tandis que d'autres, plus audacieux ou plus aventurés, trônent fièrement sur son dos ; la poule se prête à tout, supporte tout, elle est entièrement absorbée dans sa chère couvée.

« Mais, dit Buffon, si elle s'oublie elle-même pour conserver ses petits, elle s'expose à tout pour les défendre. Paraît-il un épervier dans l'air, cette mère si faible, si timide et qui, en toute autre circonstance, chercherait son salut dans la fuite, devient intrépide par tendresse ; elle s'élance au-devant de la serre redoutable, et, par ses cris redoublés, ses battements d'ailes et son audace, elle en impose souvent à l'oiseau carnassier qui, rebuté d'une résistance imprévue, s'éloigne et va chercher une proie plus facile. Elle paraît avoir toutes les qualités du bon cœur ; mais, ce qui ne fait pas autant d'honneur au surplus de son instinct, c'est que si par hasard on lui a donné à couver des œufs de cane ou de tout autre oiseau de rivière, son affection n'est pas moindre pour ces étrangers qu'elle le serait pour ses propres poussins ; elle ne voit pas qu'elle n'est que leur nourrice ou leur bonne et non pas leur mère ; et lorsqu'ils vont, guidés par la nature, s'ébattre ou se plonger dans la rivière voisine, c'est un spectacle singulier de voir sa surprise, les inquiétudes, les transes de cette pauvre nourrice qui se croit encore mère, et qui, pressée du désir de les suivre au milieu des eaux, mais retenue par une répugnance invincible pour cet élément, s'agite, incertaine sur le rivage, tremble et se désole, voyant toute sa couvée dans un péril évident, sans oser lui donner de secours. »

Chez le poulet, les plumes des ailes et de la queue commencent à poindre à la fin de la première semaine, vers le huitième ou neuvième jour; cette crise en emporte un certain nombre lorsque le temps est humide ou froid; l'épreuve surmontée, ils ne sont plus aussi sensibles aux intempéries, et, s'ils ne sont pas encore sauvés, ils sont bien prêts de l'être, lorsqu'on les soutient par une nourriture fortifiante, et qu'on évite de les laisser se mouiller.

Au bout d'un mois, les poussins ne réclament plus de soins spéciaux, on peut les sevrer tout à fait de pâtée, et les mettre au régime exclusif du grain et de la verdure; ils n'ont plus que trois distributions par jour, le matin, à midi, et le soir : leur mère se charge de varier leur nourriture, en leur apprenant à chercher les vers et les insectes pour lesquels ils ont un goût très-prononcé.

A six semaines, les poulets sont complétement couverts; ils savent déjà comment on gagne sa vie, le moment de leur émancipation n'est pas éloigné. Leur mère, en effet, leur a enseigné toute sa science, elle leur a appris à fureter, gratter, fouiller et même quelque peu à voler et piller; pour devenir passés maîtres en cette industrie multiple, ils n'ont plus besoin que de la pratique de tous les jours. En attendant, le goût de l'indépendance les travaille de plus en plus; un beau matin, les ingrats donnent congé à leur gouvernante; depuis quelque temps déjà, ils se montraient assez indisciplinés ; de part et d'autre, les liens d'affection s'étaient fort relâchés ; la séparation n'est pas plus tôt faite, qu'ils deviennent aussitôt étrangers les uns aux autres ; la mère abandonnée retourne à ses habitudes et se remet à pondre, les poulets se dispersent ; chacun désormais travaillera pour son compte et tirera à soi : on va leur apprendre bientôt qu'en réalité ce n'est pas pour eux, mais bien pour nous qu'ils sont élevés : le *sic vos non vobis* leur sera appliqué dans toute sa rigueur ; les poules, à cet égard, ne jouissent d'aucun privilége, elles rentrent dans la loi trop commune de l'exploitation, plus ou moins déguisée, du plus faible par le plus fort.

ENGRAISSEMENT.

Le poulet qui n'a pas encore pris tout son développement, ne paie pas de mine. A trois mois, son corps long et fluet, allongé d'un long cou, flanqué de petites ailes et porté sur de maigres échasses, paraît tout dégingandé ; c'est tout au plus si l'on oserait lui donner le nom de poulet de grains, car, à vrai dire, il ne le méritera que six semaines ou deux mois plus tard. En ce piteux état, il ne se montre guère que sur les tables d'hôte ; tout gourmet qui se respecte, se garde bien de toucher à ce squelette à peine habillé de chair, sans saveur et sans relief ; il l'abandonne aux vulgaires estomacs. La ménagère, toutefois, a raison de le porter, tel quel, au marché. Quand il est venu de bonne heure, on le paie en raison de sa nouveauté, mais non en considération de son mérite ; et d'ailleurs, dans son premier triage, la fermière n'a pris que les moins bons poulets pour être sacrifiés ; un second triage en enverra une autre fournée à la cuisine, c'est le bon moyen de se débarrasser de ce qui encombre, et de ce qui est défectueux, infirme ou sans avenir : le corps de bataille et l'arrière-garde demeurent, ils sont appelés à devenir l'élite de la basse-cour, à la repeupler, ou bien à figurer, en bonnes maisons, avec les honneurs dus aux pièces grasses, chapons ou poulardes, voire même volailles bien en chair, nullement à mépriser.

S'il est sage, dans l'intérêt des races, de n'admettre, comme reproducteurs, que des bêtes d'une année à peu près révolue, on ne doit pas songer à engraisser la volaille avant qu'elle ne soit adulte, c'est-à-dire âgée de six mois ; des poulets un peu plus jeunes se mettront, il est vrai, parfaitement en chair, mais tenter de les pousser au delà de ce point, c'est vouloir perdre sa peine, son temps et son argent; de là cet axiome culinaire irréfutable : ni vieillesse, ni première jeunesse ne méritent la broche, les plus hautes qualités seules en sont dignes; le pot ou l'étuvé suffisent pour les sujets de second ordre.

Et tout d'abord, au chapon ou à la poularde le haut du pavé; les simples volailles n'ont à réclamer qu'un droit de bourgeoisie, bien que, pour les rôtir, il faille un artiste de génie, présent des dieux.

Sous le nom de chapons, on désigne de jeunes coqs qui ne peuvent plus multiplier. Si l'on ne bornait le nombre des mâles, la ferme bientôt ne serait qu'une vaste arène, les poules n'auraient plus un instant de repos, et la paix, si précieuse en agriculture, deviendrait absolument impossible. Aussitôt donc qu'à deux mois les poulets ont révélé leur sexe en s'égosillant à chanter, les voilà gravement compromis, ils sont décrétés de peine de mort; mais rassurez-vous! cette

mort, on la leur rendra la plus douce possible; à
l'aide d'une petite opération, on transformera leur
tempérament; de bretteurs fieffés qu'ils auraient été,
ils seront doux et placides, ne penseront qu'à s'arrondir, et, à force d'embonpoint, perdront toute sen-
sation; finalement, ils dormiront leur dernier sommeil dodus et pansus : pour des bêtes, sont-ils donc
tant à plaindre?

Le chaponnage ne demande que de l'adresse, il est
bien rare que mal s'en suive. « Plus la blessure est
nette, dit un auteur très-compétent, Mme C. Millet,
plus elle a chance de guérir. A deux, la besogne est
singulièrement facilitée. On place l'animal sur le dos,
la tête en bas, sur les genoux de la personne qui doit
chaponner, et on le tient solidement, le croupion
tourné vers l'opérateur, la cuisse droite fixée le long
du corps, et la gauche portée en arrière, afin de dé-
couvrir le flanc gauche sur lequel l'opération sera
pratiquée. Après avoir arraché les plumes, on soulève
la peau, un peu plus bas que le bout du brechet, avec
la pointe d'une aiguille, pour l'éloigner des intestins,
et l'on fait l'incision qui pénètre dans le ventre, et
qui doit être assez large pour y introduire le doigt. Si
quelques portions intestinales tendent à s'échapper,
l'opérateur les retient, puis, introduisant l'index dans
l'abdomen, il le dirige sous les intestins, dans la région des reins, un peu sur le côté gauche du milieu
du croupion. Là, le doigt rencontre un corps de la
grosseur d'un haricot, lisse et mobile quoique adhé-
rent, on l'arrache et on l'attire vers l'ouverture par
laquelle on le fait sortir. On procède de la même manière pour le second rognon situé à côté de l'autre,
du côté droit, puis on rapproche les lèvres de la plaie
qu'on maintient en contact par quelques points de su-

ture avec du fil ciré. Pour placer ces points de suture, il faut avoir soin, chaque fois qu'on enfonce l'aiguille, de soulever la peau afin d'éviter d'offenser les intestins, et de les prendre dans la suture, ce qui entraîne presque toujours la mort de l'animal. »

En général, quand l'opération a été faite avec une certaine dextérité, le chapon se remet promptement de cette secousse. Bien des fermières le lâchent aussitôt après dans la basse-cour; c'est un tort, il vaut mieux le traiter avec plus de ménagements. On peut placer, pendant quelques heures, le chapon sous une mue ou dans un endroit à part; là, on lui donne un peu de pain trempé dans du vin ou dans du cidre, on lui fait ensuite une litière avec de la paille fraîche, et, le surlendemain, après lui avoir fait manger de la recoupe mouillée, mélangée de grains, on lui rend la liberté dans la basse-cour; aux yeux de ses habitants, c'est presque un nouvel hôte, il n'a plus de crête, il est d'usage de la lui couper, on ne sait pourquoi, si ce n'est afin de le reconnaître plus facilement parmi les autres volailles.

On chaponne ordinairement les poulets entre trois et quatre mois, autant que possible par un temps frais. A la suite de l'opération, métamorphose complète. « Celui qui l'a subie, dit Buffon, prendra désormais plus de chair, et sa chair devient plus succulente et plus délicate. Il n'est presque plus sujet à la mue; il n'a plus le même chant; sa voix devient enrouée, et il ne la fait entendre que rarement. Traité durement par les coqs, avec dédain par les poules, privé de tous les appétits qui ont rapport à la reproduction, il est, non-seulement exclu de la société de ses semblables, il est encore, pour ainsi dire, séparé de son espèce; c'est un être isolé, hors d'œuvre, dont toutes les facultés se replient sur lui-même, et n'ont pour but que la conservation individuelle ; manger, dormir et s'engraisser, voilà désormais ses principales fonctions et tout ce qu'on peut lui demander : » il aurait bien tort, assurément, de ne pas s'y prêter de bonne grâce.

Plusieurs procédés sont en usage pour engraisser les chapons. Le plus simple de tous consiste à laisser ces animaux chercher en liberté leur pâture dans la cour et sur les fumiers, et de leur distribuer, matin et soir, du grain, comme on le fait pour la volaille d'élevage ; mais quand ils jouissent de tous leurs mouvements, ils n'engraissent ni aussi vite, ni aussi bien.

En général, après les avoir préparés, pendant quelque temps, par de bons repas de grains, qu'on leur fait prendre en dehors des autres volailles, pour que celles-ci ne diminuent pas leur part, on les met dans des cages spéciales, plus longues que larges, appelées épinettes, où les chapons ne peuvent ni se retourner, ni apercevoir leurs voisins de chambrée, séparés qu'ils sont les uns des autres par de petites cloisons pleines.

La pièce dans laquelle on les tient enfermés, doit être à une bonne température, d'une extrême propreté, éloignée de tout bruit, et dans un demi-jour qui favorise la somnolence, auxiliaire puissant de l'estomac en travail de digestion.

La régularité des repas, salutaire à toutes les phases de la vie, devient ici d'une impérieuse nécessité ; ces repas doivent être combinés de telle sorte, qu'il y ait le moins d'intervalle possible entre la digestion effectuée et le réveil de l'appétit ; les rapprocher, c'est s'exposer à ce que la nourriture passe mal et ne profite pas ; les éloigner outre mesure, c'est surexciter une convoitise plus ou moins immodérée, c'est agiter l'animal, l'inquiéter et le tourmenter, jusqu'à ce que ses désirs soient satisfaits, en un mot, c'est risquer de le faire maigrir : *caveant consules !* Toute bête à l'engrais doit être servie à point et préservée de tout souci : hors de ce principe, n'espérez jamais une réussite complète.

Le chapon profite bellement lorsque, étant bien en chair, il fait chaque jour, à heure fixe, trois repas copieux dans sa cellule. Pendant la première semaine de l'engraissement, on lui donne des racines, du lait caillé, des graines concassées de blé, d'orge, de maïs, ou de sarrazin. La variété ajoute à la qualité des mets. Les repas ont lieu dans l'ordre suivant : le matin, betteraves crues, coupées en petits morceaux ; à midi, graines et lait caillé ; le soir, pommes de terre cuites assaisonnées de grain concassé. A mesure que le chapon devient replet, son estomac perd de sa force et de son énergie, il faut lui venir en aide en modifiant son alimentation ; le point essentiel, dans cette période délicate, est de soutenir l'appétit chancelant, tout prêt d'être blasé ; aux grains, on substitue la farine d'orge, de sarrazin ou de maïs administrée graduellement, sous forme de pâtons, et vers la fin de l'engraissement, on ne se lasse d'en donner qu'autant que la bête n'en peut mais ; pour toute boisson, lait pur et à discrétion. Douze ou quinze jours de ce régime achèvent de faire disparaître les faces heurtées ou anguleuses, et de confondre toutes les parties du chapon en une seule pièce magnifiquement roulée.

Trois semaines d'épinette sont ordinairement nécessaires pour amener le chapon à son plus haut degré de perfection. Quand on veut simplement mettre en bon état de graisse une volaille ordinaire, quinze jours de séquestration et de bonne nourriture suffisent si elle était préalablement bien en chair; les betteraves et le topinambour crus, les pommes de terre cuites, l'orge, le blé, le sarrazin, le maïs, lui constituent une nourriture des mieux appropriées. Par ce procédé, on n'arrive jamais à des poids monstrueux, mais on produit de très-bons poulets gras, à la chair ferme et tendre à la fois, qui, sans être le dernier mot de l'art, ne sont nullement indignes d'un homme de goût. Les volailles basses sur pattes, à canon fin, larges de poitrine et de flanc, la tête presque dans les épaules, montrent, en général, beaucoup d'aptitude pour l'engraissement : renfermées, elles prennent d'autant mieux la graisse, qu'elles se trouvent dans un air plus pur, dans un milieu plus silencieux et plus obscur, et qu'on tient constamment les mangeoires et le dessous de l'épinette d'une propreté irréprochable.

La palme de l'engraissement revient de droit aux poulardes. Qu'on leur enlève le chapelet ovarien ainsi que cela se pratique dans certaines localités, ou qu'on se borne à les mettre à l'épinette avant qu'elles aient pondu et qu'elles aient eu des rapports avec le coq, toujours est-il qu'elles fournissent les plus belles pièces de luxe, *à nulle autre pareilles.* Quelle race, à cet égard, mérite la préférence? Les palais les plus autorisés sont encore en délicatesse sur cette grave question; les poulardes de la Bresse jouissent d'une vieille réputation bien méritée, et nul ne la conteste; celles non moins illustres du Mans prétendent ne point leur céder le pas; les Crèvecœur, à leur tour, sont vivement appréciées, La théorie ici n'a rien à voir, c'est seulement à table et fourchette en main que le procès peut être débattu; en attendant les décisions de l'aréopage, voici, d'après M. Letrône, comment on procède à l'engraissement de l'espèce précieuse de La Flèche : c'est le sublime du genre, à part les soins de propreté qui laissent tout à désirer.

« Le travail spécial de l'engraissement appartient principalement à des marchands de la campagne et à quelques petits cultivateurs appelés *poulaillers*. Les uns et les autres achètent, dans les marchés ou chez leurs voisins, les poulettes qu'ils nomment *gelines* et qui paraissent les plus belles et les plus aptes à s'engraisser. C'est vers l'âge de sept à huit mois qu'elles sont réputées assez avancées dans leur croissance pour être mises à la graisse.

« Les plus belles poulardes peuvent atteindre le poids de 4 kilogrammes, et les coqs vierges de l'année celui de 6 kilogrammes : on en voit quelquefois dépassant ce poids.

« Les poulaillers commencent leur engraissement en octobre et le poursuivent jusqu'à l'époque du carnaval, le plus ordinairement. Les volailles sont mises en loges de 30 à 60 centimètres de hauteur sur une longueur indéterminée; les plus grandes ne doivent pas contenir plus de six poules réunies et fournissent seulement l'espace nécessaire à chaque animal, pour qu'il y soit à l'aise, sans pouvoir néanmoins circuler.

« On intercepte toute lumière venant directement du dehors, on calfeutre les portes et les fenêtres du local, afin que l'air extérieur ne s'y introduise pas trop librement.

« Pour habituer les poules au régime de nourriture et de réclusion forcée auquel on va les assujettir pendant les huit premiers jours, on les renferme dans un lieu un peu sombre, et on ne leur donne pour toute nourriture qu'une pâte délayée un peu épaisse, faite avec la farine qui sert à la composition des pâtons, et mélangée, soit avec un tiers, soit avec moitié de son. Pendant la durée de cette première épreuve, on leur donne à boire et on les laisse manger à volonté.

« La mouture qui sert à la composition des pâtons se fait ordinairement dans les proportions suivantes : moitié de blé noir (sarrazin), un tiers d'orge et un sixième d'avoine : on en retire le gros son. Tous les jours, on détrempe de cette farine dans du lait doux ou tourné, la quantité nécessaire pour deux repas, celui du soir et celui du lendemain. Quelques-uns ajoutent à la composition de cette pâte un peu de saindoux, surtout vers la fin du traitement, et cette pâte qui ne doit être ni trop ferme ni trop molle, est roulée de suite en pâtons ayant la forme d'une olive de 15 millimètres de diamètre et une longueur de 6 centimètres.

«Le poulailler ou nourrisseur, à l'heure des repas qui doivent être bien réglés, prend trois poules à la fois, les lie ensemble par les pattes, les pose sur ses genoux, et, éclairé d'une lampe, il commence, pour unique fois, à leur faire avaler une cuillerée d'eau ou de petit-lait (quelques-uns ne donnent pas à boire), puis il introduit, tour à tour, un pâton dans le bec de chacune de ces poules, et, pour faciliter l'introduction immédiate de ce pâton, il exerce une pression légère avec le pouce et les deux premiers doigts, en faisant glisser la main le long du cou de l'animal jusqu'à sa poche : on évite ainsi le rejet du pâton. En soignant ainsi trois poules à la fois, on leur donne le temps suffisant pour la déglutition, et elles sont empansées à leur gré dans un prompt et égal intervalle.

« Dès les premiers jours du pâtonnement, on se contente de faiblement remplir la poche de chaque volaille et on augmente par degrés la dose des pâtons. C'est ainsi que l'on arrive à en donner à chaque repas douze et même jusqu'à quinze ; il est essentiel de plonger les pâtons dans un plat d'eau avant de les faire avaler, cela facilite leur introduction.

« Le temps déterminé pour l'engraissement n'est pas fixé, il se subordonne à la plus ou moins bonne disposition de l'animal et à son degré de force. Quelques poulardes ne peuvent être conduites au complet degré d'engraissement sans danger d'accidents ; le nourrisseur expérimenté sait le moment où il doit arrêter son travail, nul n'est à l'abri de subir des pertes ; il y a, malgré le savoir et l'attention, de la bonne et de la mauvaise chance, des années plus ou moins favorables, sans qu'on puisse s'en expliquer les causes.

« Quelques volailles sont grasses à point au bout de six semaines, d'autres au bout de deux mois. Quelquefois si la poularde paraît encore disposée à prendre bien sa nourriture, on continue de la lui donner le plus longtemps possible, et l'on arrive à obtenir des poids tout à fait surprenants.

« On calcule que certaines poules dépensent 20 litres de farine, d'autres peuvent en absorber jusqu'à 30 litres.

« Ces volailles, étroitement emprisonnées dans une obscurité constante, n'ont pas de litière sous elles, et ne sont jamais nettoyées de leur fumier pendant la durée du traitement. Si les émanations azotées, abondantes dans le local, sont nécessaires pour arriver à l'engraissement, elles sont toutefois nuisibles à la santé des nourrisseurs, qui en souffrent d'autant plus, qu'ils ont une plus nombreuse collection de poules à la graisse. 80 ou 100 poules à la fois leur nécessitent de passer les journées presque entières et une partie des nuits dans ces foyers d'infection ; quand le premier repas a commencé à quatre heures du matin, à peine se termine-t-il à midi, et le second, commencé vers trois heures du soir, ne finit que vers onze heures de la nuit.

« Lorsque le poulailler retire ses poulardes de l'engraissement, il se charge lui-même de les saigner et de les plumer, et, avant qu'elles froidissent, il les place, appuyées sur le dos, sur une tablette ou un banc étroit, et leur fait prendre la forme que l'on connaît, en se servant de calets en bois ou en pierre pour les maintenir dans cette position ; puis il étend sur toute la partie du corps en saillie un petit linge mouillé, afin de donner un grain plus fin à la graisse.

« L'engraissement des volailles à La Flèche se résume en définitive dans les conditions principales suivantes :

« 1° Choisir l'espèce la plus belle parmi les jeunes coqs et les poulettes nés dans l'année, et annonçant toutes les qualités d'engraissement.

« 2° Ne leur faire subir aucune mutilation; comme cela se pratique ailleurs pour les chapons et les poulardes qu'on engraisse.

« 3° Préparer un local obscur où l'air soit le moins renouvelé, et où les poules soient parquées dans des loges étroites, sans y être gênées.

« 4° Ne pas nettoyer ni enlever les fumiers pendant toute la durée de l'engraissement.

« 5° Pratiquer avec adresse et promptitude en faisant avaler les pâtons.

« 7° Donner deux repas dans les vingt-quatre heures et à des heures régulières.

« 8° Ne pas tenir à faire avaler absolument un nombre égal de pâtons ; s'en tenir pour cela à l'examen de capacité de la poche, qui dans les premiers jours doit être modérément garnie, et, plus tard, complètement, mais sans excès.

« 9° S'en tenir à la seule nourriture indiquée, sans y apporter le moindre changement, sauf dès le principe à modifier le dosage des mêmes ingrédients si on le juge convenable.

« 10° Savoir discerner le point de maturité de l'engraissement, et surveiller celles des volailles qui doivent être retirées avant ce terme, lorsqu'elles menacent de faire mal ou de périr.

« Toutes ces conditions étant bien observées, on obtiendra de bons résultats. »

LE DINDON

Nous sommes redevables du dindon à l'Amérique. Celui qu'on élève dans les basses-cours a été importé en Europe vers le milieu du xvie siècle ; il ne diffère de l'espèce sauvage que par son plumage variant du noir au gris roux et au blanc, et par sa taille bien moins forte. Au contraire de ce qui se passe pour les autres volailles, la domesticité, loin de l'avoir perfectionné, lui a fait perdre de son volume, et sa chair, quoique fort délicate encore, est devenue moins succulente ; malgré cette dégénérescence, il n'en est pas moins une précieuse acquisition pour nos fermes, la plus importante peut-être après celle du coq et de la poule.

Le dindon, à l'état sauvage, habite les forêts ; au fur et à mesure que la civilisation s'avance, il abandonne le centre des États-Unis et se retire dans leurs parties les plus désertes, dans celles que les défrichements n'ont pas encore entamées.

Pendant la belle saison, il ne quitte pas les bois ; il y vit par petites bandes qui, aux premiers froids, se réunissent en troupes de 150 à 200 individus, et se rapprochent des lieux habités. Très-farouches de leur nature, les dindons, au moindre bruit, se cachent dans les hautes herbes et les broussailles ; ils font plus usage de leurs jambes que de leurs ailes, s'enfuient d'une grande vitesse, accélèrent leur course par un demi-vol, et ne se livrent guères au vol plein que pour franchir les lacs et les rivières. On n'a chance de les surprendre qu'au coucher du soleil. A cette heure de la journée, ils font entendre de nombreux glous-glous pour se rallier : dès qu'ils sont réunis, ils s'acheminent en silence vers le gîte où ils doivent passer la nuit, se perchent les uns près des autres, à la cime des plus grands arbres, et, de préférence, sur les branches mortes ; c'est le moment le plus favorable pour les tirer. Juchés sur ces belvédères, ils se croient en telle sûreté, que la vue de l'homme ne les inquiète plus ; les détonations même ne les font pas changer de place ; aussi les abat-on avec la plus grande facilité ; chaque fois qu'ils voient tomber un des leurs, ils ne bougent, ils expriment seulement leur étonnement par un sourd murmure ; c'est sans doute cette fausse sécurité qui leur a valu le renom proverbial de stupidité dont ils sont l'emblème, à tort ou à raison.

La livrée du dindon mâle sauvage est splendide : sa teinte générale est brun foncé, mais les plumes de son cou, de sa gorge, de son dos et du pli de ses ailes reflètent, au jeu de la lumière, l'or bruni, le pourpre et le violet ; les pennes de ses ailes sont coquettement parées, à leur extrémité, de blanc d'argent. La femelle, plus petite, a le plumage d'un gris clair et moins éclatant.

Le mâle s'en distingue encore par d'autres carac-

tères. Non-seulement sa tête et la partie supérieure
de son cou sont revêtues, comme chez la femelle,
d'une peau nue, bleuâtre, chargée de mamelons entre-
mêlés de poils, mais de la base de son front part
une caroncule charnue, ridée, conique et extensible
qui, sous l'influence de la passion, s'allonge jusqu'au
delà du bec; un barbillon, sous la forme d'une double
membrane rouge, lui descend au tiers du cou, qui lui-
même laisse pendre un bouquet de crins noirs; ses
pattes, en outre, sont armées d'un éperon, et les
pennes de sa queue se relèvent en cercle comme
celles du paon ; son cri est un gloussement gradué fi-
nissant par un éclat prolongé ; celui de la femelle
n'exprime qu'un accent plaintif.

Les mœurs des dindons offrent un trait particulier.
Au point du jour, vers le printemps surtout, ils font
retentir les forêts de leurs gloussements, sans changer
de place ; ce tintamarre dure environ une heure avant
le lever du soleil. Dès que l'astre a paru sur l'horizon,
ils quittent leurs retraites nocturnes et se répandent
pour aller en quête de leurs vivres; ils se nourrissent
de graines, d'insectes, de baies et autres fruits sauvages, notamment de glands. Quand la contrée où ils
ont passé la belle saison ne leur offre plus une nourriture assez abondante, ils émigrent en troupes dans
une autre plus fertile, et quoique leur vol soit rapide
et soutenu, presque toujours ils font la route à pied et
par étapes. Au temps de la pariade, les mâles se dis-
putent avec fureur la possession des femelles ; ils sont
polygames, et laissent en conséquence à leurs compagnes la corvée de l'incubation et le soin d'élever les
petits.

Le nid consiste en un amas de feuilles sèches; la
femelle y pond, au printemps, des œufs d'un blanc

terne, tachetés de rouge ; il ne sert que pour l'incubation, les petits l'abandonnent dès qu'ils sont nés et
n'y rentrent plus. Leur croissance est très-rapide : en
moins de trois semaines, ils sont en état de chercher
eux-mêmes leur nourriture et de se passer de leur
mère.

Parmi les volailles, aucune ne demande plus de
soins, pendant le jeune âge, que le dindon. Dans
cette première période, il craint également le froid et
la grande chaleur ; la rosée le morfond et le soleil
trop vif le tue ; l'humidité surtout lui est très-con-
traire ; aussi, jusqu'à ce qu'il ait pris le rouge, est-il
très-difficile à élever ; mais, une fois cette crise passée,
il devient promptement très-robuste, brave impunément toutes les injures de l'air, se nourrit facilement
et s'engraisse de même.

Quoique la vente des dindons soit toujours assurée,
il y a peu de profit à n'en avoir que quelques-uns
dans une ferme ; la spéculation, au contraire, est
avantageuse, lorsqu'on peut en élever un grand nombre à la fois ; réunis en troupes, ils vont chercher
leur vie dans les champs, y trouvent presque toute
leur nourriture, et n'occasionnent, pour ainsi dire,
d'autres frais que la dépense d'un petit gardien.

Le dindon, plus encore que la poule, se montre
partisan déclaré de l'indépendance. Bien qu'à toute
rigueur on puisse l'élever dans une basse-cour, il supporte mal sa prison, il lui faut l'exercice à travers les
champs et les terrains vagues ; il y trouve une foule
de graines et d'insectes dont il fait son profit : cette
vie libre, au grand air, lui rappelle sans doute les habitudes sauvages de sa race et favorise singulièrement
sa croissance.

Autant la femelle a les mœurs douces et timides,

autant le mâle se montre souvent mauvais coucheur dans la basse-cour ; il a la prétention d'y régner en tyran ; il attaque les poulets qui ne sont pas conduits par une dinde, cherche noise aux poules et aux canards, se bat parfois avec les coqs, et entre dans de telles fureurs au printemps, qu'il se jette sur les personnes, et peut même devenir dangereux pour de très-jeunes enfants : hors le temps de la pariade, ses colères sont moins violentes, il n'est plus guères sujet qu'à des accès de vanité bouffonne ; tout son corps alors paraît se gonfler, ses plumes se hérissent, ses ailes se tendent soudain avec force et s'abaissent jusqu'à terre, sa queue se déploie en éventail, toutes les parties charnues de sa tête se colorent d'un rouge vif, la caroncule s'allonge démesurément, c'est alors qu'il fait entendre un bruit sourd, bientôt suivi d'un éclat de voix saccadée, étranglée, qu'il répète plusieurs fois de suite.

Le plumage des dindons domestiques est très-sujet à varier ; il y en a de tout noirs, d'autres entièrement blancs ; quelques-uns tirent sur le jaune café au lait, plusieurs sont d'un gris uniforme, beaucoup enfin offrent des couleurs mêlées ; les noirs sont les plus répandus dans les fermes du nord de la France.

Le mâle peut recevoir dix ou douze femelles. La ponte commence en mars, mais elle n'est en pleine activité qu'en avril ; chaque dinde donne ordinairement de vingt-cinq à trente œufs par an, les plus fécondes en produisent jusqu'à cinquante dans l'année.

Dans nos climats, la dinde ne pond qu'à une seule époque de l'année. La première semaine, elle pond de deux jours l'un ; mais à compter du sixième ou du huitième jour, elle pond tous les jours. Communément elle commence à pondre à un an ; entre deux et trois ans, la dinde est au plus fort de sa ponte, et ses œufs sont plus gros que ceux de la première année ; à partir de la quatrième année, la ponte va toujours en diminuant.

Le dindon

Dès qu'une dinde a commencé à pondre quelque part, elle continue d'y déposer ses œufs ; elle est naturellement portée à les cacher dans des tas de paille, dans les haies ou les buissons hors de la ferme ; il est donc prudent d'épier ses démarches, à ce moment, pour qu'elle ne soit pas la proie des fouines ou des renards, si elle vient à courir au loin. A mesure qu'elle pond, on enlève ses œufs, on les met dans un panier garni de linge qu'on suspend dans une pièce dont la température, ni trop chaude, ni trop froide, soit aussi égale que possible ; ils y restent en dépôt jusqu'au moment où la dinde manifeste le désir de couver.

Soit pendant la ponte, soit pendant l'incubation, il faut séparer les femelles du mâle, ou du moins empêcher que celui-ci n'aille les troubler, car, s'il les trouvait sur le nid, il n'aurait rien de plus pressé que de les tourmenter et de casser leurs œufs : la lubricité lui ôte tout sentiment délicat.

On reconnaît que la dinde est sur le point de couver, lorsque les plumes de son ventre se détachent ; on lui prépare un nid avec de la menue paille, et on le borde d'un léger bourrelet ; elle l'accepte sans difficulté, de même que le local où l'on veut qu'elle couve : ce dernier doit, autant que possible, être bien sec, en bonne exposition, à l'abri de tout bruit et dans une demi-obscurité : l'instinct de tout oiseau qui couve est de fuir la lumière et tout ce qui pourrait le faire apercevoir.

Vers le huitième jour de l'incubation, on s'assure, par le mirage, que les œufs ont été fécondés ; cette précaution prise, il n'y faut plus toucher que le moins possible ; la dinde se charge parfaitement de les retourner elle-même, en portant au centre ceux qui se trouvaient à la circonférence et vice-versâ, afin qu'ils participent tous à la même chaleur.

Le besoin de couver est si impérieux chez les dindes, qu'elles périraient d'inanition plutôt que d'abandonner leur nid, alors même qu'on en aurait enlevé les œufs ; il faut donc les lever tous les jours pour leur donner à boire et à manger : cette passion d'incubation est si forte chez elles, qu'elle domine jusqu'au sentiment de la faim.

Rien n'empêche de placer plusieurs couveuses dans le même local ; cela permet de réunir, au moment de l'éclosion, les petits de plusieurs couvées, pour les confier à une seule mère chargée de les conduire ; seulement, il est bon de ne pas placer les dindes trop près les unes des autres, car elles sont assez disposées à se voler leurs œufs.

L'incubation dure trente jours ; les petits éclosent presque tous dans le même temps ; lorsqu'ils ne naissent pas tous à la fois, on enlève les nouveaux-nés de dessous la dinde, on les place dans un panier garni de foin ou de plumes, et on les tient près du feu ; on les rend ensuite à leur mère, qui les tient chaudement sous ses ailes dans les premières heures de leur naissance ; à ce moment, ils ont moins besoin de nourriture, que d'être préservés de tout refroidissement, celui-ci leur serait fatal.

En général, aussitôt après l'éclosion, les ménagères soigneuses tiennent la dinde renfermée avec ses petits, dans une pièce chaude dont on couvre le sol d'une bonne litière. Il est rare qu'on les fasse sortir avant le sixième jour. Lorsque la température permet de les mettre dehors, on place la mère sous une mue, à une bonne exposition, et on laisse les petits à l'air libre pendant une couple d'heures vers le milieu de la journée, et on les rentre chaque soir. Ils ne doivent sortir, le matin, que lorsque la rosée est tout à fait évaporée et qu'il fait sec ; selon le dicton des fermières, tout dindonneau qui reçoit la pluie avant son quarantième jour, court grand risque d'être perdu.

La première nourriture qu'on leur donne, consiste en mie de pain, en orties hachées et en lait caillé, auquel certaines personnes mêlent aussi du son et des œufs durs ; ils font quatre ou cinq repas par jour ; pour peu qu'on les voie chétifs ou languir, on leur fait prendre de la mie de pain trempée dans du vin ; cette nourriture tonique contribue beaucoup à les fortifier. Au fur et à mesure qu'ils grandissent, on peut modifier leur alimentation. Les œufs seront supprimés et remplacés par du grain. Ils mangent volontiers des pâtées faites avec du son, des orties, des salades et des choux coupés menu ; l'avoine forme le fond de leurs repas : on en double la ration quand ils sont près de prendre le rouge.

Ce temps de crise en fait périr un grand nombre. Au sortir de l'œuf, les dindonneaux ont la tête garnie d'une sorte de duvet ; ils n'ont point encore de chair glanduleuse ni de barbillons ; ce n'est qu'entre deux et trois mois que ces parties se développent et se colorent. Dans les années sèches et chaudes, ils traversent facilement cette épreuve, mais dans les années humides beaucoup succombent malgré les soins qu'on leur prodigue ; le vin cependant les aide puissamment, avec l'avoine et le sarrazin, à se tirer d'affaire. Dans ces derniers temps, on a recommandé l'oignon comme un des meilleurs fortifiants qu'on puisse donner aux dindonneaux ; on le fait entrer, par tiers, dans leur nourriture, avec du pain trempé et des œufs durs ; ils en sont très-avides, et il leur réussit d'une façon surprenante.

Tant que les dindonneaux sont jeunes, leur mère les dirige avec la même sollicitude que la poule menant ses poussins ; elle les réchauffe sous ses ailes avec la même affection et les défend avec le même courage. Il semble, dit Buffon, que sa tendresse pour ses petits rende sa vue plus perçante; elle découvre l'oiseau de proie d'une distance prodigieuse; dès qu'elle l'a aperçu, elle jette un cri d'effroi que comprend aussitôt toute la couvée; chaque dindonneau se réfugie dans les buissons ou se tapit dans l'herbe, et la mère les retient en répétant le même cri d'effroi autant de temps que l'ennemi est à portée; mais le voit-elle prendre son vol d'un autre côté, elle les en avertit aussitôt par un autre cri, bien différent du premier, et qui est pour tous le signal de sortir du lieu où ils se sont cachés et de se rassembler autour d'elle. »

En général, on n'attend pas que les dindonneaux soient tout à fait forts pour les conduire aux champs; mais une fois qu'ils ont poussé le rouge, on les mène paître régulièrement chaque jour, soit dans les champs où ils font la chasse aux sauterelles et à d'autres insectes, soit dans les chaumes où ils profitent des grains tombés, soit dans les bois où ils cherchent avidement les glands, la faîne et les châtaignes; dans ce temps d'abondance, on n'a presque plus besoin de les nourrir à la ferme : un léger supplément suffit, à l'époque de la moisson surtout.

Un jeune enfant peut en conduire sans peine des troupes nombreuses; comme ils sont très-craintifs, il ne faut que l'ombre d'une baguette pour leur faire prendre telle ou telle direction; ils se montrent très-obéissants, ne craignent pas la marche, et sont aussi rustiques, quand ils sont grands, qu'ils étaient délicats pendant leur premier âge.

On fait sortir les dindonneaux aussitôt que le soleil est levé; l'enfant préposé à leur garde ne doit jamais les perdre de vue; il doit avoir soin de les mener tantôt d'un côté, tantôt d'un autre, là où ils ont le plus de chance de trouver une nourriture abondante. Après la course du matin, on les ramène à la ferme et on les y retient jusqu'à ce que la grande chaleur commence à baisser ; le soir, on les conduit de nouveau dans les champs, ils y restent jusqu'à la nuit tombante. A leur rentrée à la ferme, on leur jette quelques grains ou des herbages ; leur nourriture, à cet âge, n'est plus un embarras : pommes de terres cuites, betteraves crues, coupées en morceaux, fruits gâtés, menus grains, herbes de toutes sortes, leur conviennent, sans compter la chair et les vermisseaux qu'ils ne dédaignent nullement.

Tant que les dindonneaux sont jeunes, on leur fait passer la nuit sous un toit ; mais lorsqu'il ont *poussé le rouge,* il vaut mieux les laisser coucher au dehors : ils se fortifient davantage au grand air que renfermés dans un poulailler ; une fois accoutumés à dormir à la belle étoile, ils bravent toutes les intempéries, et supportent, sur leurs juchoirs, les froids les plus rigoureux, non-seulement sans que leur santé en souffre, mais avec profit pour leur engraissement ultérieur. Des arbres morts munis de branchages, de longues perches traversées par des échelons, ou, mieux encore, de vieilles roues sans fer, enfilées dans un pieu qu'on plante dans un coin de la cour ou dans le tas de fumier, forment d'excellents perchoirs ; les roues ont l'avantage de permettre aux dindons de jucher tous à même hauteur, ce qui évite plus d'une querelle de préséance : ces animaux ont la manie de vouloir dominer ; ils s'y laissent aller tout comme les hommes.

Les dindons sont bons à engraisser vers l'âge de sept ou huit mois; ils ont alors acquis toute leur

croissance; la fin de l'automne et le **commencement**
de l'hiver sont les époques les plus favorables pour les
mettre à l'engrais. Pour eux, comme pour toute espèce de volaille, l'engraissement est d'autant plus rapide, qu'ils sont déjà bien en chair lorsqu'on veut
forcer la nourriture. Il n'est pas d'usage de les priver
de leur liberté pendant ce temps ; on les laisse aller
aux champs comme de coutume, en évitant toutefois de leur faire faire de trop longues courses. Au
début de l'engraissement, on ne s'écarte pas beaucoup
du régime ordinaire; leur voracité naturelle les tient
toujours en appétit et n'a pas besoin d'excitant ; ce
qu'ils trouvent dans les champs suffit généralement à leur entretien, mais ne les amènerait pas au
degré d'embonpoint que réclame le marché, si on ne
leur distribuait une ration supplémentaire quand ils
rentrent à la ferme. Quinze jours après qu'on les a
habitués à une nourriture plus copieuse, consistant
surtout en grains distribués soir et matin, on leur
fait manger, sous forme de boulettes, une pâtée de
pommes de terres cuites, à laquelle on mêle de la farine d'orge ou de sarrazin, le tout délayé avec du lait
caillé. On commence par quelques boulettes et on en
augmente peu à peu la dose, de manière que vers la
fin de l'engraissement l'animal en avale de quinze à
vingt par jour. Ces empâtements se font à la main ;
tandis qu'une personne tenant la bête entre ses jambes, la tête tournée en dehors, lui ouvre le bec, une
autre lui entonne avec précaution les boulettes, les
enfonce dans le gosier, et presse modérément de haut
en bas le cou du dindon avec le pouce et l'index pour
faire descendre les pâtons jusque dans l'œsophage;
une ou deux cuillerées de lait achèvent de les précipiter.

Dans certains pays, le maïs joue un grand rôle dans l'engraissement des dindons; dans d'autres, on emploie principalement les noix; on les leur fait avaler tout entières avec la coque, une à une, en faisant glisser la main le long du cou jusqu'à ce que la noix soit bien descendue; on n'en donne d'abord qu'une ou deux le premier jour, puis on en augmente le nombre; vers la fin de l'engraissement, les dindons en absorbent jusqu'à quarante par jour; ils s'engraissent promptement à ce régime, mais on ne fait jamais ainsi des bêtes vraiment fines : leur chair contracte toujours un goût huileux qui les déprécie aux yeux des gourmets.

Trois à quatre semaines suffisent pour l'engraissement, *quand la bête prend bien*; les dindes s'engraissent généralement plus vite que les mâles : ceux-ci atteignent de plus forts poids, mais leur chair est moins délicate que celle des femelles : entre les deux, les rabelaisiens n'hésitent jamais.

LA PINTADE

Originaire d'Afrique, la pintade n'occupe qu'une place très-minime dans les basses-cours ; c'est à peine si on en élève quelques paires. A plus d'un titre cependant, elle mériterait de prendre rang à côté de leurs habitants naturels ; n'eût-elle, en effet, d'autre mérite que l'excellence de sa chair qui rappelle plutôt la saveur du gibier que le goût de la volaille, c'en serait assez pour la faire sortir du rôle exceptionnel que le caprice ou la fantaisie lui a fait jouer jusqu'ici.

Le plumage de la pintade est un fond gris-bleuâtre semé régulièrement de taches blanches, plus ou moins rondes. Ses ailes sont courtes, et sa queue pendante, comme chez la perdrix, ce qui, joint à la disposition de ses plumes, la fait paraître bossue. De la base de son bec pendent deux barbillons de forme variée, tantôt ovales, tantôt carrés ou triangulaires ; leur couleur rouge est plus ou moins mêlée de bleuâtre ; ils sont plus développés chez le mâle que

chez la femelle. Mais un caractère propre à la pintade, c'est le tubercule calleux, espèce de casque recouvert d'une peau sèche et ridée, de couleur fauve,
brune ou rougeâtre, qui s'étend sur l'occiput et les

Pintade.

côtés de la tête, et s'échancre à l'endroit des yeux :
on l'a comparé au bonnet ducal vénitien.

Bien que réduite en domesticité, la pintade garde
toujours quelque chose de ses habitudes sauvages.

Vive, pétulante et querelleuse, elle ne tient guère en place, et s'impose aux autres volailles. Sa voix criarde, tambourinante et discordante, se fait entendre à tout propos ; on en est assourdi, agacé à chaque variation atmosphérique, et toutes les fois aussi que quelque chose d'insolite inquiète et tourmente la pintade. Elle ne craint pas de se mesurer avec plus fort qu'elle, même avec les dindons, dont elle sait se faire respecter ; sa manière de combattre rappelle celle des cavaliers numides : elle charge à fond, brusquement, et sans régularité ; éprouve-t-elle de la résistance, elle tourne subitement le dos, mais pour fondre, l'instant d'après, sur son antagoniste.

Ainsi que la plupart des Gallinacés auxquels elle appartient, la pintade aime à se poudrer ; elle se débarrasse ainsi, en se vautrant dans la poussière, des parasites qui l'incommodent, exactement comme font les poules. Comme elles encore, elle gratte la terre pour y chercher les vers et les larves dont elle est très-friande ; elle vit en troupes nombreuses, vole pesamment, mais en revanche elle court avec une extrême célérité. Quoique ses ailes soient courtes, elle aime à percher sur les toits et sur les arbres.

La pintade est douée d'une grande fécondité ; pendant des mois entiers, ses pontes se succèdent presque sans interruption, pour ne s'arrêter qu'à la fin d'août. Le poulailler n'a ses visites que comme retraite de nuit, et, rarement encore, y dépose-t-elle ses œufs ; elle préfère les aller cacher au loin, dans les hautes herbes, dans les blés, les prairies, et surtout dans les haies et les bois. La domesticité sans doute a vicié ses instincts, car on l'accuse d'être mauvaise couveuse. Ce reproche est mérité toutes les fois que l'incubation a lieu parmi les autres volailles. Aussi, généralement, donne-t-on ses œufs à couver à une poule, ou, mieux encore, aux dindes qui, à la qualité de couveuses intrépides, joignent encore l'avantage de mener parfaitement leurs petits, soit que ceux-ci leur appartiennent en propre, soit qu'elles les aient simplement adoptés.

Les œufs de pintade sont peu volumineux, enveloppés d'une épaisse coquille, mais excellents. La femelle couve pendant vingt-huit ou trente jours, selon que la température est plus ou moins chaude. Dans le midi, où le climat se rapproche davantage de celui d'Afrique, les pintades s'élèvent sans grande difficulté ; leur premier âge n'a point à craindre le froid et surtout les pluies froides qui, dans le nord, éclaircissent singulièrement les couvées.

Dès la sortie de l'œuf, les pintadeaux, ainsi que les poussins, se mettent à marcher et mangent tout seuls. La nourriture qui leur convient le mieux à cette époque, est une nourriture tout aussi animale que végétale ; les œufs de fourmi, les vermisseaux, les insectes sont de leur goût avec le mil et les menus grains de la ferme. Tant que les pintades sont jeunes, on leur donne une pâtée composée de mie de pain, d'œufs durs hachés menu et d'herbages coupés fin, à peu près telle que celle dont on nourrit les petits poulets ; leur élevage ne diffère guère : mêmes précautions à prendre contre le froid et l'humidité, même attention à ne les faire sortir, le matin, qu'après la rosée dissipée, et à les rentrer chaque soir, pour qu'elles passent la nuit à l'abri.

Commes elles viennent d'ordinaire assez tard dans la saison, elles grandissent vite et sont promptement affranchies des périls du jeune âge ; cinq ou six semaines après leur naissance, elles n'ont plus besoin de soins spéciaux; le beau temps est leur meilleur auxiliaire : elles ne tardent pas à devenir robustes.

Quand les pintadeaux commencent à prendre plume, ils ont un certain air de ressemblance avec les petits perdreaux rouges ; une fois emplumés, ils sont tout aussi rustiques que notre poule commune ; ils en partagent le vivre et le couvert, mais avec cette particularité, qu'ils font constamment bande à part, vivant entre eux et ne se séparant jamais ; ils s'écartent volontiers des autres volailles pour aller chercher leur vie un peu partout, chassant avec ardeur et succès. Toute espèce de grains leur convient lorsqu'ils sont devenus adultes ; le blé, l'orge, l'avoine, le sarrazin, le maïs, les pommes de terre cuites, les choux, toute espèce de salades et toutes sortes de criblures leur profitent également.

La pintade faite, mais encore jeune, entre huit et dix mois, vaut le faisan, si l'on sait l'attendre à point; ses effluves savoureuses ne se développent qu'au bout de quelques jours ; aussi, lorsqu'on la mange trop fraîche, perd-elle presque toute sa vertu gastronomique, et n'est-elle plus qu'un gibier vulgaire. Les vieilles pintades ont le sort de tout ce qui est chargé d'âge : elles sont généralement coriaces et n'offrent même pas la ressource des vieilles poules qui, tout incapables qu'elles soient de la broche, n'en finissent pas moins convenablement au pot ou sur une couche onctueuse de riz.

On ne chaponne pas les pintades, et leur fécondité n'est jamais détruite par l'opération qui fait les poulardes. Pour les engraisser, l'épinette n'est même pas nécessaire : il suffit de les bien nourrir pour les amener à bonne fin ; leur chair, comme celle de tout gibier de haute qualité, se suffit à elle-même; elle n'a nul besoin, pour plaire, de s'envelopper d'une graisse surabondante, simple propectus dont les yeux seuls se repaissent; mais la truffe ne lui enlève rien de ses qualités : bien au contraire.

LE PIGEON

Peu d'oiseaux sont aussi répandus que les pigeons; on les rencontre dans les pays tempérés et les climats chauds des deux hémisphères. De tout temps, ils ont fait partie de nos animaux domestiques, mais avec ce caractère spécial, que ce sont plutôt des captifs volontaires que de véritables prisonniers. Ils ne restent en effet, dans nos colombiers, qu'autant qu'ils s'y plaisent et qu'ils trouvent une nourriture suffisante autour d'eux ; pour peu que leur gîte ne leur convienne pas, ils l'abandonnent pour aller ailleurs, parfois même pour retourner à l'état de nature. Quoique leurs mœurs se ressemblent dans les traits généraux, elles diffèrent assez cependant pour établir comme des degrés de transition entre l'état de liberté complète et celui de dépendance absolue. Certains pigeons, rebelles à toute domesticité, n'ont d'autre séjour que les bois, perchent sur les arbres, y font leur nid, et fuient obstinément le voisinage de l'homme. D'autres, moins farouches, mais encore indépendants, repoussent les sociétés nombreuses, préfèrent à tout autre logement quelque trou de muraille où ils vivent solitaires, ou bien se réfugient dans les vieux édifices abandonnés, malgré les misères de la disette et les dangers de l'oiseau de proie : ils ne se perchent jamais. Un grand nombre, fidèles à l'habitation qu'on leur a procurée, ne la quittent, en général, que pour se rendre, en troupes, dans les champs, et y chercher leur nourriture ; quelques déserteurs, il est vrai, se séparent, de loin en loin, pour vivre à leur guise ; mais ce sont là des exceptions, la bande entière n'a d'autre domicile que le colombier. Une dernière catégorie enfin, rendue, par nos soins, absolument domestique, a tout à fait perdu le sentiment de la liberté ; elle ne s'éloigne jamais de son toit, et ne sait même plus aller en quête de sa nourriture; il faut la lui donner en tout temps, à tel point, que la faim la plus extrême ne saurait la décider à tenter fortune au dehors, et qu'elle se laisserait mourir d'inanition plutôt que de déroger à ses habitudes sédentaires. C'est dans cette division entièrement privée qu'on trouve les pigeons les plus beaux, les plus remarquables par leur taille, la variété de leur plumage, leur fécondité et la qualité de leur chair. Les croisements divers auxquels ils ont été soumis, ont produit un nombre considérable de variétés, connues sous le nom de pigeons de volière ; toutes paraissent avoir pour souche commune le biset, car elles s'accouplent avec lui, et les individus qui proviennent de ces unions, jouissent de la faculté de se reproduire entre eux.

Les pigeons sont généralement granivores. Le mâle et la femelle s'attachent étroitement l'un à l'autre. Ils ne se séparent plus pendant toute la saison des amours. Ils s'occupent en commun de la construction du nid, et partagent ensemble les soins de l'incubation et de l'éducation des petits. Ceux-ci ne quittent le nid que fort tard, lorsqu'ils sont entièrement couverts de plumes. Dans leur jeune âge, le père et la mère les nourrissent d'une sorte de bouillie préparée dans le jabot ; leur bec, entr'ouvert et engagé en entier dans celui de leurs parents, la reçoit par une espèce de mouvement convulsif, qu'accompagne un tremblement précipité des ailes et du corps. Abandonnés à eux-mêmes, ils ne s'éloignent guère de l'endroit où ils sont nés, attendent, aux environs, que la saison des voyages amène près d'eux une bande d'émigrants, s'y joignent en famille, et vont, de compagnie, chercher un climat plus doux pour passer la morte-saison ; au retour, ils s'occupent de leur multiplication.

Dans la plupart des fermes c'est le biset ou pigeon fuyard qui peuple les colombiers. Plus petit que les pigeons de volière, sa couleur générale est cendré-bleuâtre, tacheté de noir sur les ailes, d'un blanc pur au croupion. Son cou changeant reflète, à la lumière, le bleu irisé et le vert doré ; son bec n'a point de fèves, ses pattes sont noirâtres ou d'un rouge terne.

Cette espèce ne fait que deux ou trois pontes par année, et cesse de produire vers cinq ans ; sous ce rapport elle se montre bien inférieure aux pigeons de volière : mais comme elle vit, la plupart du temps, de maraude dans les champs, que les propriétaires n'ont d'autre dépense que celle de la nourrir aux rares époques où elle ne peut aller fourrager dans les récoltes, on l'a maintenue partout jusqu'ici, quoique les cultivateurs aient à souffrir de ses déprédations. Au temps des semailles et des moissons, il est vrai, on

est obligé de tenir les bisets renfermés dans les colombiers, mais ils s'en dédommagent largement, le
reste de l'année, en s'abattant par volées dans les

Pigeon biset.

champs et en se gorgeant de toute sorte de grains :
toute agriculture perfectionnée les condamne comme
pillards et communeux.

Les bisets ne s'accommodent pas de toute espèce

de domicile ; pour les y fixer, il faut que le colombier réunisse plusieurs conditions. Ils aiment le calme et la solitude ; les détonations d'armes à feu les épouvantent ; le voisinage des usines les inquiète ; il n'est pas jusqu'au vent soufflant dans le feuillage des grands arbres, qui ne les effraie : ils y soupçonnent toujours la présence de l'oiseau de proie ; la peur, dès lors, les prend, le vertige les emporte, ils vont au-devant du danger en tournoyant en masse au-dessus de leur toit.

Le colombier qu'ils préfèrent est celui qui, placé sur un tertre élevé, domine un horizon étendu ; moins il est près des passages très-fréquentés, plus il convient à une race aussi timide que celle des pigeons, également amoureuse de tranquillité et de liberté. Suivant les contrées, les colombiers sont ronds ou carrés ; la forme ronde est généralement usitée dans le nord ; dans le midi, on préfère les tours carrées.

Quelle que soit la forme qu'on adopte, le colombier doit être garni dans tout son pourtour, à une certaine hauteur du sol, d'une corniche de 25 à 30 centimètres de saillie, afin d'empêcher rats, belettes et fouines de franchir cette barrière, et aussi pour ménager aux pigeons une galerie sur laquelle ils s'abattent avant d'entrer dans le colombier ; ils s'y réchauffent voluptueusement au soleil.

Des cordons en saillie ne sont pas moins utiles à l'intérieur : ils partagent le colombier en plusieurs étages et en rendent l'inspection plus facile ; ils ont surtout l'avantage d'offrir aux pigeonneaux un point d'appui pour se poser, au retour des champs, quand ils n'ont pas encore l'habitude d'entrer, de plein vol, dans leurs nids.

La façade des murs doit être crépie à la chaux et

bien unie, extérieurement comme à l'intérieur, pour que les rongeurs et les carnassiers ne puissent y grimper ; les pigeons, en effet, n'ont pas de pire ennemi que les rats ; quand ces animaux pénètrent dans le colombier, ils cassent les œufs, mangent les petits, jettent partout l'épouvante, et pour peu que leurs dégâts nocturnes se renouvellent, les pigeons bientôt désertent, et s'en vont chercher ailleurs sécurité pour eux et leurs petits.

Dans les colombiers à pied, c'est-à-dire dans ceux où les nids partent du sol et s'élèvent successivement jusqu'au toit, si l'emplacement n'est pas parfaitement sec, toute la partie inférieure est exposée à souffrir de l'humidité et se trouve aussi plus à la portée des animaux nuisibles. Pour obvier à ce double inconvénient, on donne au rez-de-chaussée une destination quelconque, et l'on ne fait partir le colombier proprement dit qu'à trois mètres du sol ; il est d'expérience que plus les nids sont au sec, plus les couvées ont chance de réussir, et mieux aussi elles se trouvent défendues contre les envahisseurs.

Le plancher doit être garni de carreaux enchâssés dans la maçonnerie des murs, afin d'en rendre l'accès plus difficile aux rats ; le bois a l'avantage d'être moins froid, mais, tôt ou tard, il est percé par les rongeurs, et puis il se prête moins bien que le carrelage aux soins de propreté. Suivant les pays, l'orientation de la fenêtre par laquelle les pigeons entrent et sortent, varie ; dans le Midi, cette ouverture est tournée au levant, elle regarde le sud dans le Nord. Elle doit être placée à une bonne hauteur, et mesurer 30 centimètres de haut sur 40 à 50 de large ; elle est munie d'une porte à coulisse jouant à l'aide d'une poulie et d'une corde, et pouvant se fermer et s'ouvrir facilement d'en bas; une planchette faisant saillie accompagne ordinairement le pied de la fenêtre; son but est de servir de reposoir aux pigeons.

Le nombre des nids qui garnissent le colombier est déterminé par le nombre des pigeons qu'on veut élever. Ces nids, pratiqués dans l'épaisseur des murs, ont 24 centimètres de haut sur 28 de large; ils doivent être assez profonds pour mettre la couveuse dans une demi-obscurité.

Ils peuvent être indifféremment en briques ou en terre cuite; la disposition en échiquier est la meilleure; au devant de chaque case on établit un cordon de la largeur d'une brique pour permettre aux pigeonneaux de venir y essayer leurs forces; ce cordon sert, en même temps, de promenoir aux autres pigeons: ils s'y réunissent et y prennent volontiers un peu d'exercice pendant les mauvais temps.

Le dernier rang des nids ne doit pas plus toucher à la toiture que le premier rang ne doit être en contact avec le sol; on le place à 45 centimètres au-dessous de la charpente, afin que les couveuses soient à l'abri du froid et de l'humidité qui pénètrent toujours plus ou moins à travers la couverture. La tuile ou l'ardoise convient également pour garnir le toit; le point essentiel, c'est que la couverture soit aussi bien jointe que possible; sans cela, les pigeons l'auraient bien vite dégradée: ils fréquentent volontiers ce belvédère, où ils aiment à jouir des premiers rayons du soleil. Ils y piétinent donc souvent; les dégâts dont on les accuse sur les bâtiments n'ont lieu que lorsque les toitures ou les murailles contiennent du salpêtre; en n'employant que de bons matériaux dans la construction des colombiers, on prévient cet inconvénient; on l'atténue encore en suspendant, de temps à autre, dans le colombier des queues de morue salée : les pigeons en sont très-friands.

Après avoir préparé le logement des pigeons, il faut songer à le peupler d'habitants ; la saison la plus favorable pour cette opération est celle du printemps. Deux procédés peuvent être employés pour peupler un colombier. Le premier consiste à se procurer des pigeonneaux d'une quinzaine de jours, ne mangeant pas encore seuls et n'étant pas assez forts pour voler. On les tient enfermés dans le colombier et on achève de les élever en leur faisant avaler une bouillie liquide composée de farine de sarrazin et de vesces ; on continue de les abecquer ainsi jusqu'à ce qu'ils soient en état de prendre leur essor. La première sortie exige quelques précautions. Pour leur donner la liberté, on choisit un jour nébuleux et même pluvieux ; on ne leur ouvre la porte que lorsque le jour est sur son déclin. A cette heure avancée du soir, craignant d'être surpris par la nuit ou par une averse, ils voltigent pendant quelque temps au-dessus du colombier, comme pour bien reconnaître les lieux, et ne s'aventurent qu'à courte distance. On répète le même manége les jours suivants, en ayant soin, chaque fois, de leur donner un peu plus tôt la clé des champs ; on leur jette, en même temps, quelques grains dans le colombier. Dès qu'ils se sont appariés, et surtout quand la ponte est commencée, il n'est plus nécessaire d'user de ces artifices : ils sont, à tout jamais, naturalisés, et reviennent d'autant plus volontiers à leur habitation, qu'ils sont plus assurés d'y trouver bon souper, bon gîte et le reste.

L'autre procédé est plus simple et donne moins d'embarras. Il s'agit simplement de se procurer, vers la fin de l'hiver, en les tirant, autant que possible, de colombiers très-éloignés, plusieurs couples de pigeons provenant des premières couvées de l'année précédente ; on les introduit dans le nouveau colombier et on les empêche de sortir en fermant la trappe de leur fenêtre. Pendant cette réclusion temporaire, il faut avoir bien soin de ne les laisser manquer ni d'eau, ni de grains ; sous l'influence d'une nourriture abondante, et stimulés par le sarrazin ou le chènevis qu'on mêle à leurs repas, ils entrent promptement en amour. On pourrait, dès ce moment, leur donner la liberté ; mais, pour être plus certain qu'ils ne déserteront pas, on attend qu'ils aient pondu et même que leurs œufs soient éclos ; tout danger de fuite est alors passé ; de prime volée, ils vont s'abattre dans les champs, y chercher leur nourriture et celle de leurs petits : pères, mères et pigeonneaux sont désormais citoyens du colombier ; on cesse peu à peu de leur donner du grain à la ferme, ils s'habituent promptement à trouver eux-mêmes leur vie : neuf mois sur douze, à moins de mauvais temps exceptionnels, la plaine doit nourrir le biset ; sans cela, il ne mériterait pas d'être élevé en domesticité.

Quel que soit, du reste, le moyen qu'on emploie pour peupler le colombier, on doit toujours choisir des pigeonneaux nés au printemps ; ceux du mois de mai sont les meilleurs, parce qu'ils ont acquis toute leur force aux approches de la mauvaise saison, et qu'à la fin de l'hiver ils sont assez développés pour s'accoupler et pondre.

La couleur des pigeons destinés à peupler le colombier n'est pas indifférente. Il est d'observation que lorsque l'oiseau de proie donne la chasse à une volée de pigeons, s'il s'en trouve un blanc parmi eux, c'est presque toujours sur lui que tombe le forban, probablement parce qu'il lui servait de point de mire; c'est pour cela sans doute qu'on donne la préférence aux pigeons de couleur foncée.

Quand on veut que le colombier se garnisse promptement, on ne prend aucun des pigeonneaux nés dans le colombier la première année, et l'on conserve encore tous ceux de la seconde année, à l'exception des dernières couvées qui, venues sur le tard, et s'accouplant de bonne heure au printemps, risqueraient d'amener la dégénérescence de la race par une ponte prématurée; ce sacrifice n'est qu'un simple retard de jouissance; dès la troisième année, le colombier en plein rapport peut fournir, presque sans mesure, aux besoins de la consommation.

En dehors de ces règles fort simples, les soins à donner au colombier pourvu de ses habitants, se bornent, pour ainsi dire, aux soins de propreté; ils sont, en général, bien négligés.

On laisse, par exemple, la fiente ou colombine s'entasser pendant une grande partie de l'année dans le colombier; la santé des pigeons exigerait cependant qu'on l'enlevât souvent; accumulée en certaine quantité, elle entre rapidement en fermentation, vicie l'air et y répand une odeur infecte; elle devient, en outre, le réceptacle d'une foule d'insectes, notamment de larves très-nuisibles aux pigeons.

Il arrive aussi que les nids ne sont pas régulièrement visités; c'est à peine si on en renouvelle la paille quand les petits les ont quittés : aussi mites, punaises et autre engeance malfaisante, s'attachent-elles aux pigeonneaux, qu'elles sucent sans pitié, et les font-elles maigrir à outrance.

Trop souvent encore, on laisse pourrir dans le colombier les jeunes pigeons tombés de leur nid; ils ne se relèvent jamais de ces chutes; ils en meurent après avoir traîné pendant quelques jours, ou bien les autres pigeons les achèvent sans pitié : ce sont là autant de causes d'infection et d'insalubrité, contraires à la prospérité d'un colombier : sans déranger les pigeons par des visites trop fréquentes, il est utile de les passer, de temps en temps, en revue : les miasmes les affectent d'autant plus, qu'ils sont renfermés en plus grand nombre dans une enceinte très-resserrée.

Les pigeons de volière, moins rustiques que les bisets, ont sur eux de tels avantages, qu'on a peine à comprendre qu'ils n'aient pas pris depuis longtemps leur place. S'ils coûtent beaucoup plus cher d'entretien, par suite de leur séjour permanent dans la ferme, ils rachètent amplement cet inconvénient en respectant les récoltes et en donnant d'abondants produits; les bonnes races pondent jusqu'à sept fois chaque année, et gardent leur fécondité jusqu'à huit et dix ans.

Ces races d'élite, façonnées de longue date par la main de l'homme, offrent tant de variétés, qu'on n'a pour ainsi dire que l'embarras du choix; parmi les plus utiles, le mondain moyen et le nonain-capucin occupent le premier rang; à leur suite, se rangent le pigeon volant et le culbutant à demi domestiques, tous deux très-productifs, remarquables, le premier par l'extrême rapidité du vol qui en fait un télégraphe ailé, le second par les culbutes réitérées qu'il exécute par accès, au beau milieu de ses pointes; les autres variétés, plus ou moins riches de plumage, de taille plus ou moins extraordinaire, sont bien moins fécondes; elles rentrent presque toutes dans la catégorie des oiseaux de luxe ou de simple caprice.

Les soins que réclament les pigeons de volière sont
en raison directe de leur état avancé de domesticité
et de leur délicatesse qui en est presque toujours la
conséquence.

Pigeon culbutant.

Leur habitation doit être nettoyée encore plus souvent que le colombier, puisqu'ils y demeurent presque
constamment. Elle doit toujours être pourvue d'eau
renouvelée très-souvent, et munie abondamment de

grains, car les champs ont rarement leur visite : ils
ne leur demandent aucune nourriture et ne la cherchent même pas sérieusement dans la cour de ferme,

Pigeon mandarin.

assurés qu'ils sont de n'en jamais manquer chez eux.
Profondément modifiés par un long esclavage, les
pigeons de volière ont perdu une partie de l'instinct

maternel, beaucoup d'entre eux ne savent plus nidifier ; ils pondraient à nu, ce qui compromettrait grandement les œufs, si l'on n'avait la précaution de préparer soi-même le berceau de leurs petits. Bien plus casaniers que les bisets, ils sont plus sujets aux querelles intestines ; lorsqu'un accident quelconque a désuni les couples, il suffit d'un seul mâle ayant perdu sa femelle, pour mettre tous les ménages sens dessus dessous ; dérangement des couveuses, œufs cassés , batailles acharnées , sont presque toujours le résultat des paires qui ne sont plus au complet et ne sont plus représentées que par un mâle veuf ou célibataire.

. Les pigeons de volière, enfin, sont sujets à plus de maladies que les bisets, mais ils y échappent d'autant mieux, qu'on observe plus ponctuellement, à leur égard, les règles d'une bonne hygiène ; logements suffisamment spacieux et bien tenus, nourriture choisie, repas abondants et réglés, résument, en définitive, les meilleurs procédés à suivre pour en tirer bon parti ; ils coûtent d'autant plus, qu'on les néglige davantage ; mieux vaut alors s'en tenir à l'espèce vulgaire.

Les pigeons de volière, comme les bisets, aiment à se poudrer et à se baigner pour se débarrasser de leurs parasites ; c'est dire qu'il est bon de mettre à leur portée du sable fin dans lequel ils puissent se trémousser, et un baquet peu profond où ils aient la liberté de se rafraîchir sans risquer de se noyer ; ils sont d'ailleurs très-altérés, et ont souvent besoin de boire : ils doivent donc avoir toujours de l'eau fraîche à leur disposition.

Leur nourriture ne diffère pas sensiblement de celle des pigeons de colombier ; la vesce, les pois, les lentillons, en font les principaux frais avec les menus

grains et le sarrazin ; on a remarqué toutefois que
le blé ne leur réussit qu'à demi, il les dévoie et re-
tarde les pontes ; on y remédie en y mêlant de l'al-
piste ou du chènevis ; le maïs quarantain leur est
aussi très-profitable.

On peut leur distribuer leur nourriture en la
jetant dans la volière même, ou au dehors, dans un
endroit déterminé, ou bien en mettant les grains dans
une trémie. Les repas ont lieu généralement trois fois
par jour, le matin, de très-bonne heure, quand on
ouvre leur fenêtre ; vers deux heures de l'après-midi,
et une heure avant la nuit. Il est bon de les accoutu-
mer à venir recevoir leur provende à un signal donné :
c'est le moyen de les familiariser avec la personne
chargée de la leur distribuer ; ils ne s'effarouchent plus
autant quand on entre dans leur volière pour les soins
de propreté ou pour visiter les petits ; les couveuses
rassurées restent tranquillement sur leurs nids, et les
autres pigeons ne se précipitent plus, pêle-mêle, aux
ouvertures pour s'envoler au dehors, comme cela arrive quand on viole brusquement leur domicile.

Entre six et sept mois, les pigeons de volière sont en
état de se reproduire ; ils sont dans toute leur vigueur
à un an. Le mâle s'accouple sans difficulté avec la
femelle qu'on lui présente, celle-ci n'en use pas toujours de même ; elle a ses caprices et ses préférences ;
à la mue surtout, il lui arrive de se dégoûter de son
seigneur et maître, et de repousser à coups de bec toute
avance, si passionnée qu'elle soit ; hommages profonds, salutations respectueuses, roucoulements prodi-
gués, rien n'y fait ; exaspéré de ces rebuts, le mâle, à
la fin, se fâche et entre en guerre à son tour ; de là
grand assaut de coups d'aile et de coups de bec ; ces
luttes toutefois ne sont pas éternelles ; après douze

ou quinze jours de mauvais traitements réciproques, un beau matin la paix est conclue, elle se scelle par un mariage. Les deux époux vivent en général en parfaite harmonie le reste de leurs jours ; leurs chamailleries, la plupart du temps, ne sont qu'un léger nuage dans un beau ciel bleu.

Quand on veut faire des croisements, il ne faut pas accoupler au hasard les premiers pigeons venus, il faut que la paire réunisse les qualités qu'on cherche à développer et qu'elle facilite les combinaisons qu'on a en vue sur un même individu. Le mâle fait la race ; c'est donc lui qui présentera les caractères essentiels à fixer dans les produits ; les variétés de plumage résultent du mélange des deux sexes ; on en peut prédire quelques-unes à l'avance, mais la plupart sont dues à des causes encore mal connues. On sait néanmoins que certaines couleurs associées entre elles amènent des bigarrures déterminées. D'après Boitard et Corbié, un mâle bleu et une femelle rouge donnent des pigeons de couleur dorée, jaunâtre, quelquefois noire. Un pigeon rouge et un pigeon noir produisent des oiseaux d'un rouge foncé, souvent plombé. Un bleu et un fauve reproduisent des individus tantôt tout bleus ou tout fauves, tantôt mélangés de l'une et l'autre couleur ; un fauve et un noir, ou un bleu et un noir peuvent donner des gris piquetés. Les plus beaux pigeons ne produisent pas toujours les plus beaux petits par le croisement ; mais, quand on poursuit ces mélanges avec persévérance et en tenant compte des qualités respectives de chaque individu, on finit, à la longue, par obtenir des variétés réellement nouvelles, qui paient l'amateur, sinon de ses frais, du moins de sa longue patience et de ses espérances plus longues encore.

Peu de temps avant de pondre, la femelle reste sur son nid, le mâle se tient auprès d'elle et veille à sa sûreté. Elle pond son premier œuf entre midi et deux heures, le tient chaud sans le couver, s'en éloigne peu et seulement pendant quelques instants. Le surlendemain, entre quatre et six heures du soir, arrive le second œuf après un nouvel accouplement; l'incubation commence aussitôt; chaque ponte produit ordinairement un mâle et une femelle, mais cette règle n'est pas sans exception.

Pendant que la mère est sur ses œufs, le mâle lui tient compagnie. Chaque matin, elle quitte son nid pour aller manger et appelle le mâle par un petit roucoulement particulier; docilement, il prend sa place et couve, à son tour, jusqu'à quatre heures du soir en été, jusqu'à trois heures seulement en hiver. La femelle a soin de revenir au nid et de ne plus le quitter de toute la nuit; quand, par aventure, elle tarde à reprendre son poste, le mâle se lève, la cherche avec inquiétude et la ramène au nid, non sans quelques coups de bec, en guise d'admonestation conjugale.

L'incubation dure dix-sept jours et quelques heures; les petits n'éclosent jamais simultanément, vingt-quatre heures souvent séparent le moment de leur naissance. Ce moment arrivé, le petit bêche sa coquille; il faut lui laisser accomplir seul cette opération pour laquelle son bec est armé d'une légère excroissance; en voulant aider la nature, neuf fois sur dix, on risque de compromettre l'existence du pigeonneau, la moindre blessure le tue sur le coup.

Dès l'éclosion, selon Boitard et Corbié, on peut déjà juger de la couleur qu'auront les petits, et, par conséquent, de la pureté de race que leurs parents leur auront transmise. Lorsque le bec est entièrement noir, le plumage sera analogue; s'il est bleuâtre ou d'une couleur plus ou moins plombée, le plumage sera bleu; si le bec est blanc, l'animal sera de cette couleur, ou du moins d'une autre teinte très-claire. Lorsque le bec est mélangé de noir et de blanc, ou de bleu et de blanc, si les taches sont rangées symétriquement sur les mandibules, l'oiseau aura un plumage nuancé de bleu ou de noir ou de toute autre couleur plus ou moins foncée, mais régulièrement et d'une manière agréable; dans le cas où les taches seraient placées sur le bec sans ordre et comme au hasard, l'oiseau sera bariolé sans grâce et sans régularité. A l'apparition des tuyaux, on pourra contrôler la justesse de la première observation : l'extrémité des plumes naissantes est ordinairement teinte des couleurs qu'elles auront quand l'oiseau sera adulte.

Les jeunes pigeons naissent avec un léger duvet, et ils ne s'en débarrassent que longtemps après que leur corps est tout couvert de plumes. Alors seulement ils se hasardent à quitter le nid, et les père et mère les abandonnent pour recommencer une autre ponte ; c'est le moment où ils sont le plus gras et, partant, où ils conviennent le mieux pour la table. A cet âge, ils peuvent assurément pourvoir eux-mêmes à leurs besoins; mais la mémoire du nid est encore si forte chez eux, qu'ils continuent, malgré leur émancipation, à poursuivre leurs parents et à les harceler de leurs cris, pour en recevoir la nourriture. Il n'en faut pas moins leur faire perdre cette habitude; si l'on continuait à les laisser avec leurs père et mère, ils iraient les relancer jusque dans le nouveau nid, et comme la femelle n'aurait pas le courage de les expulser, ils la troubleraient dans son incubation : de toute nécessité, il faut que la séparation se fasse, qu'elle soit absolue et définitive.

De trois à quatre mois, les jeunes pigeons de volière, tels que mondains, nonains, volants et culbutants, commencent à donner les premiers signes d'amour en s'approchant des femelles, par des roucoulements et des salutations plus ou moins accentués; en dehors de ces indices, il n'est pas facile de reconnaitre les sexes; cependant les mâles ont, en général, la tête et le bec plus forts, ils sont aussi plus gros; quand on les prend dans le nid, ils hérissent leurs plumes et font claquer leur bec; la femelle plus douce ne donne point ces signes de colère. Lorsque l'âge de l'amour est venu, il ne faut pas tarder à accoupler les pigeons. Leurs premières pontes sont assez irrégulières; quelquefois ils ne font qu'un seul œuf, d'autres fois leurs premiers œufs sont clairs; ces irrégularités ne durent guère : de un an jusqu'à huit, ils sont dans toute leur fécondité; à partir de cet âge, les pontes diminuent par degrés, elles cessent ordinairement à dix ou douze ans. Des pattes cendrées, éraillées, des ongles très-recourbés, des yeux ternes, un plumage flétri, sont autant d'indices de vieillesse chez les pigeons; elle dégénère en décrépitude vers la quinzième année.

L'OIE

L'oie sauvage ou cendrée est la souche de nos oies domestiques. Son plumage varie du brun au gris; tout son corps est nuancé d'un blanc roussâtre; le ventre est blanc et le dos d'un gris brunâtre.

L'espèce, de passage seulement dans nos climats, nous arrive du Nord, par bandes généralement nombreuses, échelonnées sur deux rangs, et formant un angle plus ou moins ouvert. Tant que les oies volent en troupes, elles gardent exactement cet ordre symétrique; un guide est à leur tête. Vient-il à être fatigué, il quitte sa place, passe au dernier rang, et cède son rôle de chef de file à un autre, qui prend à son tour la direction, en fendant l'air au sommet de l'angle. Les passages ont lieu deux fois par an, une première fois à l'automne, à l'approche des froids, une seconde fois au retour du printemps; les oies se tiennent alors dans une région très-élevée : ce n'est que par les brouillards qu'elles se rapprochent de terre. Pour pâturer, elles s'abattent dans les plaines, dans les champs de blé, et ne laissent pas que d'y causer d'assez grands dégâts quand leurs troupes sont considérables ; le soir venu, elles gagnent les étangs et les rivières, y passent la nuit, et ne quittent les eaux que lorsque le jour est bien levé.

En tout temps, leur défiance est extrême ; qu'elles pâturent ou reposent, elles ne mangent ou ne s'abandonnent au sommeil qu'après avoir eu soin de placer, de distance en distance, des vedettes pour les avertir du danger. La vigilance de ces sentinelles est rarement en défaut ; la tête levée, le cou tendu, immobiles, elles écoutent et explorent autour d'elles ; au moindre indice menaçant, elles jettent un cri d'alarme ; toute la bande, après avoir couru trois ou quatre pas, s'envole, à tire-d'ailes, en pointant : il est fort difficile de les surprendre et de les approcher. Leur retour dans les contrées septentrionales s'effectue ordinairement en mars, et par des routes différentes ; elles se rendent, à cette époque, dans les latitudes les plus froides, au Spitzberg, au Groënland et sur les bords de la mer Glaciale ; elles y font leurs couvées.

L'oie domestique se recommande par ses nombreux produits. Sa chair seule et sa graisse de première qualité lui mériteraient déjà une place distinguée dans la basse-cour, mais on en tire d'autres profits : les grandes plumes de ses ailes fournissent d'excellentes plumes pour écrire, remplacées aujourd'hui par les plumes métalliques ; elle donne, chaque année, un duvet abondant, et la peau, vendue sous l'étiquette de peau de cygne, s'emploie comme fourrure fine et élégante : à tous ces avantages s'ajoute encore celui d'un élevage facile et peu dispendieux. Cette spéculation toutefois convient mieux aux domaines qui disposent de parcours étendus qu'aux petites exploitations qui ont

à peine autour d'elles le vol du chapon. Ce n'est pas
que les oies exigent un grand nombre d'hectares pour
vivre; mais, coureuses de leur nature, elles n'aiment
pas à être casernées dans une cour; pour prospérer, il
faut qu'elles puissent vaguer et pâturer à volonté; à
cet égard, l'eau leur est moins nécessaire que l'espace:
une simple mare leur suffit pour leurs bains, quand
elles ont des champs ou des pacages pour y chercher
leur vie; ceux-ci doivent donc leur fournir leur principale alimentation. On ne ferait pas ses frais, si,
privé des ressources du dehors, il fallait nourrir les
oies exclusivement à la ferme, de grains, de racines
et d'herbages.

De toutes les variétés domestiques, l'oie de Toulouse, répandue dans le département de la Haute-
Garonne, dans l'Aude, le Tarn et quelques autres
parties du sud-ouest, est, sans contredit, la plus belle
pièce, celle dont l'engraissement atteint le plus gros
poids, soit en chair, en graisse, ou en foie. Sa taille
n'est pas inférieure à celle du cygne; très-développée
dans toute sa carrure, elle traîne jusqu'à terre son
ventre énorme que partage, vers le milieu, une poche
graisseuse, si prononcée, à un moment donné, qu'elle
gêne sensiblement la marche de l'animal, assez bas
sur pattes. La teinte générale de son plumage est gris
foncé, relevé de raies brunes, tirant parfois sur le
noir; son bec est orangé et ses pattes sont couleur de
chair. Dans les climats tempérés et les riches contrées à maïs, nulle espèce d'oie ne la vaut: elle
est faite pour l'opulence. Mais dans les climats
plus froids et les sols maigres il est plus prudent
de s'attacher à l'oie commune de moyenne taille:
elle luttera plus victorieusement contre les difficul-
tés et la misère, et, en fin de compte, son élevage

bien conduit pourra réaliser un honnête bénéfice.

Le mâle ou jars ne se distingue guère extérieurement de la femelle ; leur taille est à peu de chose près la même ; chez le premier seulement, le blanc do-

Oie de Toulouse.

mine, tandis que le plumage de l'autre est souvent très-mélangé de gris. On peut donner de six à huit femelles au mâle ; dès l'âge de sept mois, ils sont en état de s'accoupler, mais il y a peu d'avantage à faire servir le jars de très-bonne heure ; il est en pleine vigueur à un an, et conserve très-longtemps ses facultés génératrices : on l'emploie très-bien jusqu'à dix et douze ans ; de là le dicton bien connu des fermières : Vieux jars et jeune coq.

Dans les pays où l'on pratique le mieux l'élevage des oies, les petits cultivateurs ne conservent qu'une ou deux femelles ; ils n'ont point de jars à demeure, son entretien leur paraît trop cher ; ils préfèrent s'adresser, moyennant une légère rétribution, aux voisins chez lesquels existent de beaux mâles. Ce procédé a l'avantage d'éviter la consanguinité toujours plus ou moins fâcheuse, et comme, en général, on n'emprunte que des reproducteurs de choix, la pureté de la race se maintient dans toute son intégrité : exemple à suivre partout où l'on ne peut tenir de grandes troupes d'oies.

La ponte commence quelquefois en janvier, mais le plus ordinairement elle a lieu en février : une bonne oie doit avoir fait son œuf à la Chandeleur. Chaque femelle produit une quinzaine d'œufs ; c'est aussi le plus qu'on puisse lui donner à couver. Elle annonce qu'elle va bientôt pondre en charriant, quelques jours d'avance, des brins de paille avec son bec. La ponte a lieu de deux jours l'un, on l'accélère en augmentant la ration d'avoine. Au fur et à mesure que les œufs sont pondus, on les enlève et on les dépose dans un local bien sain, ni trop chaud ni trop froid. Quand l'oie a terminé sa ponte totale, si elle veut couver, elle l'indique en restant, plus que de coutume, sur son nid. Lorsque ce dernier est bien placé, on la laisse faire ; mais, si l'emplacement ne convient pas, on construit soi-même, dans un endroit chaud, tranquille et peu clair, avec de la paille courte et bien sèche, un nid légèrement creusé ; il est adopté sans difficulté. A partir de ce moment, l'oie est tenue renfermée sous son toit. L'incubation dure vingt-huit jours ; pendant tout ce temps, on la nourrit en mettant près d'elle de l'avoine et du son mouillé, ou mieux encore de la recoupe : l'eau ne doit jamais lui faire défaut, car à cette époque elle est très-altérée.

Peu d'oiseaux de basse-cour sont aussi tenaces sur le nid que les oies ; quelques-unes se montrent couveuses si persévérantes, qu'elles en oublient le boire et le manger ; on remédie à cet excès en les levant une ou deux fois par jour de dessus le nid : elles n'en sont absentes que pendant dix à douze minutes ; ce temps leur suffit pour se vider, prendre leur repas et procéder au soin de leur personne. Quand la couveuse va chercher elle-même sa nourriture, on la laisse bien tranquille sur ses œufs ; du reste, règle générale, moins on dérange les couveuses dans leur grave occupation, plus les couvées ont chance de réussir.

A défaut d'oies couveuses, on peut confier leurs œufs à une dinde : elle les couve aussi bien que ses propres œufs et peut en recevoir le même nombre, tandis que les poules ne pourraient guère en avoir sous elles qu'une demi-douzaine, à cause de leur gros volume.

L'éclosion n'est pas toujours simultanée : c'est pourquoi on a coutume d'enlever les petits à mesure qu'ils naissent et de les mettre dans un panier garni de laine et exposé à une douce chaleur, jusqu'à ce que tous les petits soient sortis de leur coquille ; on les rend à la mère quand tous sont éclos : sans cette précaution, on courrait risque de ne la voir s'occuper que des premiers-nés et abandonner prématurément son nid. S'il fait beau, on peut laisser sortir les oisillons le second ou le troisième jour après leur nais-

sance; mais, pour peu que la température soit froide
ou humide, on se trouve mieux de les tenir clos pendant les premiers jours : ils se fortifient dans une
atmosphère tiède et qui ne varie pas, tandis qu'au
sortir de l'œuf il suffit d'une bourrasque froide, ou
simplement de la pluie pour les faire périr. Ils ne
doivent pas aller à l'eau avant huit ou dix jours s'il
ne fait pas très-chaud.

Au début, ils exigent beaucoup de soins. Il leur
faut, par jour, au moins six repas, composés de mie
de pain, de lait, d'orties hachées ou de cerfeuil coupé.
Au bout d'une quinzaine et même un peu plus tôt, s'ils
se développent bien, on remplace cette nourriture par
des pommes de terre cuites, de la recoupe, et quelques menus grains; plus tard, le son mouillé, les
choux, les débris de salade, les déchets de cuisine et
l'avoine forment le fond de leur nourriture. Après
trois ou quatre semaines de ce régime gradué, les
jeunes doivent trouver leur vie sous la conduite de
leur mère et du jars qui ne manque pas de les accompagner et les défend avec sollicitude et courage. On
connaît le sifflement sourd et prolongé qu'il fait entendre quand on approche trop près de sa famille; il
poursuit même de ses menaces, jusqu'à une certaine
distance, les visiteurs importuns qui lui font ombrage.

Sauf le temps de l'incubation, les oies n'aiment pas
à être renfermées; dès qu'on leur a donné la clef des
champs, il faut qu'elles sortent : sans cela, elles s'in-
quiètent, se tourmentent, dépérissent, ou du moins
ne profitent pas.

Les trois premières semaines, à compter de l'éclosion, sont pour les oisillons une époque critique, la
seule, à vrai dire, qui mette leur vie en danger; lors-

qu'ils ont franchi cette épreuve, on peut les regarder comme à peu près sauvés. Dans certains pays, les premiers jours de sortie, destinés surtout à leur faire prendre l'air, on attache la mère par une corde à la patte, afin qu'elle ne soit pas tentée de faire faire un trop long exercice à sa lignée ; la température règle l'heure et la durée de ces courtes promenades. Tant que les oisillons sont très-jeunes, on évite de les mettre dehors avant que la rosée ne soit tout à fait dissipée ; si le soleil est vif, on les rentre vers le milieu du jour, car le grand soleil les tue ; on les fait encore sortir une dernière fois dans l'après-midi, en ayant soin de les ramener au logis aussitôt que la température baisse sensiblement : cette direction, toute de prudence, peut être confiée à un petit gars intelligent ; il y trouve son compte en laissant la troupe à elle-même, pour faire, lui aussi, l'école buissonnière, excellente école de gymnastique et de santé, destinée à faire plus tard de vigoureux soldats.

Une fois admis à prendre leurs ébats hors de la ferme, les oisillons grandissent vite, et savent promptement se tirer d'affaire. Ils paissent comme père et mère, vont indifféremment au bois, aux champs, à terre comme à l'eau, mais ils sont bien moins aquatiques que le canard. Ils vivent de toutes sortes d'herbages ; il n'en faut pas moins les nourrir un peu dans la basse-cour. Le matin, avant qu'ils ne partent pour le pacage, on leur jette quelques poignées d'avoine, on en fait autant le soir, à leur rentrée à la ferme, lorsqu'ils n'ont pas été prendre leur dernier repas dans les champs. La ciguë est la seule plante sauvage qui leur soit nuisible, elle les empoisonne radicalement.

Les oies passent à l'état adulte, vers le septième ou

huitième mois, selon qu'elles ont été plus ou moins abondamment nourries à leur point de départ. Leur régime habituel à la ferme n'est pas dispendieux. Quelques menus grains, en guise d'avoine qui leur convient particulièrement, les mauvaises herbes provenant des sarclages, les débris du jardinage et de la cuisine, suffisent à leur entretien ; les betteraves crues, coupées en petits morceaux, les poussent activement ; quelle que soit du reste leur nourriture, elle leur profite d'autant mieux qu'elles sont logées plus sainement, et qu'elles ont à portée une mare ou un ruisseau pour faire leurs ablutions. Malheureusement, le toit où on les entasse pour passer la nuit, réunit rarement les conditions hygiéniques qu'il devrait avoir ; il est souvent trop étroit, bas et humide, privé d'air et encombré de fiente, tant on apporte de négligence à renouveler la litière ! La conséquence infaillible de cette incurie est de livrer les pauvres bêtes à la vermine qui pullule bientôt dans leurs excréments, les tourmente nuit et jour et les fait sensiblement maigrir : les oies cependant, comme tous les animaux, et plus que bien d'autres, demandent à être tenues avec soin. Elles ont, en effet, un instinct de propreté des plus remarquables. Plusieurs fois par jour, elles s'épluchent, se bichonnent, lissent leurs plumes, s'époussètent énergiquement et se baignent avec délices après leurs repas, ainsi qu'après la sieste qu'elles ne manquent jamais de faire à diverses heures de la journée, la tête sous l'aile, mais ne sommeillant que d'un œil, par prudence.

De tous les habitants de la basse-cour, aucun n'est aussi vociférant ni plus bruyant ; son cri est un son de trompette ou de clairon qui jette l'alarme au moindre bruit ; aussi n'est-il pas de plus sûres gardiennes

de la ferme que les oies; dès que l'une d'elles a
donné de la voix, toutes les autres se mettent ensuite
à crier, comme si l'on assiégeait de nouveau le Capi-
tole.

Habituées à la vie de famille dès leur plus jeune
âge, elles la continuent pendant toute leur existence.
Les troupes déjà grandes se mêlent volontiers et ne
se séparent jamais d'elles-mêmes. Les oies vont ensemble aux champs, ensemble pâturent le long des
routes ou dans les chaumes, et reviennent, toutes
ensemble, à heure fixe, au logis; si l'une d'elles, par
aventure, écartée de la bande, ne retrouve plus ses
compagnes au point où elle les a quittées, elle court,
éperdue, à leur recherche, les appelle de ses cris redoublés, pleine de trouble et d'angoisses, et ne cesse
ses divagations et ses désespoirs que lorsqu'elle les
a rejointes : son retour est salué par une acclamation
générale, qui si elle n'est pas très-harmonieuse, té-
moigne du moins d'une fraternelle sympathie.

On plume communément les oies quatre fois par
an. Les jeunes ne doivent subir cette opération que
lorsque leurs ailes sont bien croisées ; elle ne commence alors qu'en juin, au lieu du mois d'avril où
elle a lieu pour les oies faites ; on peut encore plumer une seconde fois en septembre celles de l'année,
mais il faudrait y renoncer si on devait les engraisser
à l'automne, car il est d'expérience qu'elles se char-
gent d'autant mieux de graisse, qu'elles sont bien en
plume.

La plume est mûre quand elle se détache sans résistance ; prise trop verte, elle est sujette à se pelo-
tonner, et les insectes l'attaquent presque toujours.

Il est essentiel de ne pas dépouiller entièrement de
leur duvet les oies destinées à vivre ; on ne doit leur

enlever que le duvet sous le ventre, le cou et le dessous des ailes, et seulement lorsqu'il est prêt de tomber de lui-même. On ne plume à fond que les oies
mortes ; dans ce cas, on n'attend pas qu'elles soient
refroidies, on les plume quand elles sont encore toutes chaudes : sans cela, leurs plumes auraient les inconvénients de celles prises avant le temps.

La plume demande à être conservée dans un endroit sec, planchéié ou carrelé ; on l'aère et on la secoue de temps en temps. Quand, au lieu de la vendre,
on veut en tirer soi-même parti, il convient de la faire
préalablement sécher. Pour cela, on la met dans un
sac sans la presser, et on l'expose, pendant quelque
temps, à la chaleur d'un four dont on vient de retirer
le pain : par ce procédé, la plume perd une partie de
son odeur nauséabonde, et se trouve purgée des mites qui l'infestaient ; on la débarrasse, du reste, effi-
cacement de ses parasites, en faisant brûler, avec
précaution, de la fleur de soufre dans un coin du local où elle a été emmagasinée.

Pour obtenir les peaux dites de cygne, on enlève
d'abord avec soin la plume, puis on écorche l'oie en
fendant la peau par le dos : cette dernière n'est pas
livrable au commerce en cet état, elle doit aupara-
vant subir une préparation ad hoc, affaire de fabri-
cant.

Mais la plume et la peau, tout lucratifs qu'ils puissent être, ne constituent qu'un produit secondaire ; le
véritable profit à tirer des oies, c'est leur engraissement.

Quoique la bête s'y prête naturellement, la manière d'y procéder n'est pas indifférente.

Et d'abord, il ne faut pas songer à engraisser les
oies avant qu'elles n'aient acquis tout leur développe-

ment ; de un an à trois, leur chair s'enveloppe rapidement de graisse, sans rien perdre de sa saveur et de
sa délicatesse ; les vieilles s'engraissent aussi sans

Oie domestique.

beaucoup de peine, mais elles deviennent dures et
même coriaces.

L'oie s'engraisse d'autant plus vite, qu'elle a été
préparée par une bonne nourriture pendant sa crois-

sance, et qu'elle se trouve déjà en chair quand on veut la pousser. Le pâturage dans les chaumes dont on vient d'enlever la moisson, est la meilleure préface du dernier chapitre ; l'oie est une excellente glaneuse, elle ramasse avec soin tous les grains tombés et n'en laisse perdre aucun dans les champs ni dans la ferme ; chacun sait si elle a vite fait irruption dans les granges dont la porte est restée entr'ouverte.

L'automne est la saison la plus favorable pour engraisser les oies ; les premiers froids, loin de leur être contraires, ne font que stimuler leur appétit, mais il ne faut pas attendre l'hiver pour commencer leur engraissement ; plus elles approchent de l'époque de la ponte, moins elles sont disposées à prendre de l'embonpoint ; le désir de la pariade les fait toujours maigrir.

Lorsque le moment est venu de mettre les oies à l'engrais, on les enferme dans un endroit obscur, frais sans être humide, et d'où elles ne puissent entendre les cris de celles qui sont en liberté.

Le commun des ménagères n'a pas d'autre prétention que d'arriver au demi-gras, tel qu'on le rencontre sur la plupart des marchés ; elles se contentent de donner à l'animal, deux ou trois fois par jour, du son mouillé et de l'avoine, et de tenir constamment de l'eau à sa disposition ; dans l'espace d'un mois, leur but est atteint ; l'oie pendant ce temps a consommé environ 20 litres d'avoine, elle pèse de 5 à 6 kilogrammes et se vend, en moyenne, 7 ou 8 fr.

Quand on veut que les oies soient tout à fait grasses, il faut plus de façons. La claustration est toujours observée, seulement on la rend plus rigoureuse, en vertu de ce principe, que moins on laisse de mouvements libres à l'animal, plus l'engraissement

marche vite, aidé, bien entendu, d'une copieuse nourriture, et d'une somnolence presque continuelle. Si
la bête doit être vendue vivante, on lui laisse toutes
ses plumes, le commerce exige que la victime soit
ainsi parée ; il faut surtout alors renouveler fréquemment la litière, afin qu'elle soit toujours propre; mais
si l'oie est destinée à être vendue morte, on la plume
sous le ventre le jour où on la met à l'épinette.

Pendant les premiers huit jours, on donne surtout
de l'avoine, et l'on trouble la boisson par un peu de
recoupe. A partir de la seconde semaine, on diminue
la ration d'avoine, et on la remplace par une pâtée
composée de pommes de terre cuites, de farine d'orge,
de maïs ou de sarrazin et de lait caillé; vers la fin de
l'engraissement, on ajoute entre chaque repas des
pâtons de farine d'orge, de sarrazin ou de maïs dans
lesquels le lait a toujours sa part ; quatre semaines
au plus de ce régime amènent le fin-gras : l'oppres-
sion de plus en plus prononcée de l'animal indique
le terme de sa puissance digestive; on le tue sans
plus tarder, de peur qu'il ne vienne à périr de suffo-
cation. Point n'est besoin de répéter que dans le cours
de l'engraissement les soins de propreté et le repos
le plus absolu après chaque repas sont de toute nécessité : c'est vraiment bien assez d'imposer à la
malheureuse une alimentation à outrance, et de la
priver de tout exercice, sans augmenter encore ses
chances de maladie en négligeant les conditions de
salubrité qui l'aident si puissamment à supporter un
régime contre nature. En résumé, une claustration sé-
vère, une propreté minutieuse, un silence absolu, et
des repas réglés, abondants et variés, une alimentation d'autant plus nutritive, sous un moindre volume,
qu'on approche davantage de la fin de l'engraisse-

ment, tels sont les principes qui doivent guider la ménagère ; à ces conditions , elle peut espérer de mener à bien son nourrisson.

Dans quelques pays dont les oies sont en renom, on raffine sur les procédés d'engraissement ordinairement suivis ; on a surtout en vue le développement excessif du foie. On met l'oie dans une case obscure, étroite, de sorte qu'il lui soit impossible de faire aucun mouvement. On la gorge deux et trois fois par jour avec du maïs cru ou cuit, jusqu'à ce qu'elle ne puisse en avaler davantage ; on ne revient à la charge que lorsque la digestion est complète ; l'eau donnée en boisson, ou même encore le lait, l'active singulièrement. En moins d'un mois, l'oie absorbe de 20 à 25 litres de maïs ; son foie acquiert un développement merveilleux, qui amènerait à coup sûr un dénouement fatal, si les terrines de Nérac et de Toulouse n'étaient là pour donner une hospitalité triomphale à cet organe précieux ; les pâtés de Strabourg lui doivent aussi leur gloire bien méritée.

LE CANARD

Le canard domestique descend en ligne directe du canard sauvage; aussi, malgré les variations sans nombre de taille et de plumage que la servitude lui a fait subir, garde-t-il les caractères essentiels du type originel : son bec, élargi à la base, est dentelé en lames sur les bords, déprimé et obtus vers le bout; ses pieds palmés, rejetés à l'arrière du corps, et presque engagés dans l'abdomen, en font, à terre, un très-mauvais marcheur, ayant l'air aviné et pouvant à peine se maintenir en équilibre, tandis que dans l'eau ses mouvements sont élégants et faciles, et l'égalent aux plus habiles nageurs.

A l'état libre, comme en domesticité, le mâle se reconnaît, de prime abord, à ses couleurs brillantes, et à certaines plumes de la queue retroussées en crochet; sa taille est aussi plus grande que celle de la femelle. Peu d'oiseaux sont aussi richement parés. Le vert d'émeraude à reflets d'acier poli décore sa tête et une partie de son cou; un collier blanc contraste

coquettement avec la teinte éclatante et le brun-pour-
pré qui s'étend sur le reste du cou et se répand sur la
poitrine ; la partie située au-dessous de la nuque est
rayée de noirâtre sur un fond gris, ainsi que le dos,
les flancs et le ventre ; la région du croupion se détache en noir et en vert changeant ; les ailes, de couleur grise, sont relevées d'une bande d'azur que borde,
en haut et en bas, un liseré de gros bleu velouté auquel succède une bande blanche ; enfin, les plumes de
la queue sont grises marquées de blanc sur le côté
extérieur et à leur extrémité.

L'indépendance est le cachet distinctif du canard
sauvage. Sans patrie bien définie, l'espèce est répandue sur une grande partie du globe, ne séjourne jamais longtemps dans les mêmes contrées, passe et
repasse chez nous en hiver, et s'enfonce, finalement,
dans les régions les plus hyperborées pour nicher
sur les flots et les continents les plus déserts.

Le vol des canards est élevé et leurs migrations
ont lieu par grandes troupes affectant la forme
d'escadrons triangulaires. Défiants et rusés, ils ne
s'abattent qu'après avoir décrit de nombreuses circon-
volutions, et s'être bien assurés qu'il n'y a pas d'en-
nemis sur le point qui les attire ; encore ne prennent-
ils pied qu'avec la plus extrême réserve ; lorsqu'ils
s'abaissent, ils fléchissent leur vol et se lancent obli-
quement sur la surface de l'eau qu'ils effleurent et
sillonnent ; ils nagent ensuite au large, au milieu des
étangs ou des rivières, et se tiennent toujours éloi-
gnés du bord. Leurs allures sont plus de nuit que de
jour ; c'est par l'obscurité qu'ils voyagent, c'est aussi
la nuit qu'ils pâturent ; pendant le jour, ils se tiennent cachés dans les joncs, dorment la tête sous
l'aile, mais sans cesser d'être aux aguets ; toujours

quelqu'un de la bande veille au salut commun : à la moindre apparence de danger, le cri d'alarme est jeté, tous plongent ou s'envolent : rien de plus difficile que de les surprendre.

Ainsi que tous les oiseaux nageurs, les canards, en sortant de l'eau, s'enlèvent en pointant et avec une certaine pesanteur ; leur départ est bruyant ; ils battent vigoureusement l'air de leurs ailes, comme s'ils éprouvaient une forte résistance ; mais, à peine ont-ils franchi les premières couches, le cou tendu, l'aile sifflante, ils gagnent rapidement les hautes régions, on les a bientôt perdus de vue. En leur qualité de voyageurs, l'appétit ne leur fait jamais défaut ; poissons, insectes aquatiques, herbes de marais font partie de leur régime habituel ; ils quittent leur séjour favori sur les eaux une heure avant le lever du soleil pour aller chercher fortune dans les champs et dans les bois ; ils paissent avec délices les céréales en herbe, et, sur la lisière des forêts, la glandée les met en jubilation. Philosophes par nécessité, ils ne s'entêtent pas dans des habitudes routinières, ils savent se plier aux circonstances : lorsque étangs et marais regorgent à pleins bords, ils y prennent joyeusement leurs ébats ; quand la gelée commence à les fermer, ils se rabattent sur les rivières ; celles-ci, à leur tour, viennent-elles à se prendre, ils se réfugient auprès des sources. Les canards bravent les hivers les plus rudes et semblent même rechercher le froid, car, à peine la température, chez nous, commence-t-elle à s'adoucir, leurs troupes nous quittent sans plus de cérémonie, elles se portent, à tire-d'aile, vers le nord de l'Europe et de l'Asie : la Laponie, la Sibérie, le Spitzberg, le Groënland, sont le rendez-vous général où elles se ssemblent en nombre incalculable, envahissant tous les lacs et toutes les rivières ; elles y font leurs couvées.

Quoique l'émigration soit générale, tous les canards cependant ne désertent pas nos climats ; toujours un certain nombre de couples se décident à faire villégiature chez nous, et n'en nichent pas moins bien.

La ponte commence quelquefois à la fin de février, mais le plus souvent elle a lieu en mars ; les sociétés alors se séparent, chaque paire choisit son canton et s'établit au beau milieu de l'eau, dans l'étang ou le marais qui lui offre l'abri le plus sûr. Pour nicher, la femelle fait ordinairement choix d'une touffe de joncs élevée et isolée, au milieu d'un marais, elle s'y enfonce et l'arrange en forme de nid en rabattant les brins de joncs qui la gênent, les pliant et les entrelaçant à l'aide de son bec avec un certain art. Il n'est pas rare néanmoins de voir des canards nicher, tantôt parmi les bruyères, tantôt sur de vieux chênes, s'emparer d'anciens nids abandonnés, et s'installer alors au sommet des grands arbres. Le nid, en quelque endroit qu'il soit placé, est toujours doublé à l'intérieur d'une couche épaisse de duvet dont la cane a dépouillé son ventre ; elle y pond une quinzaine d'œufs, et se charge seule de les couver. L'incubation dure un mois. Pendant ce temps, le mâle ne quitte guère sa femelle, il se tient aux aguets près du nid, accompagne la cane dans ses courses pacagères, et la défend contre les entreprises des autres canards. Chaque fois que la femelle s'absente pour prendre sa nourriture, elle couvre ses œufs avec une partie du duvet sur lequel ils reposent ; elle ne retourne jamais au nid en ligne droite, ni au vol ; elle se pose cent pas plus loin, et s'avance ensuite avec défiance, décrivant maints circuits tortueux, afin de dépister les mal intentionnés ;

une fois tapie sur ses œufs, elle y demeure avec persévérance : le bruit ni l'approche de l'homme ne lui font plus peur, elle ne s'envole que lorsqu'on est absolument sur elle.

Tous les petits éclosent dans la même journée; à peine sortis de la coquille, la mère descend du nid et les appelle à l'eau ; le plus hardi s'élance après elle, un second, un troisième fait le saut, bientôt tous sont auprès d'elle; les voilà citoyens de l'étang, passé maîtres en fait de natation, et, ayant dit adieu pour toujours à leur berceau, ils n'y reviennent jamais. Si le nid se trouve loin de l'eau ou trop élevé, le père et la mère prennent les petits à leur bec et les transportent l'un après l'autre sur l'eau. La mère-cane dirige toutes leurs évolutions ; le soir, elle les rallie et les retire dans les roseaux, et les réchauffe sous ses ailes. Toute leur éducation consiste à faire la chasse aux insectes et aux mollusques aquatiques, aux tritons, grenouilles et têtards qui passent à leur portée; s'ils les manquent d'un coup de bec, ils les relancent aussitôt en plongeant; ils courent d'une proie à une autre, et font curée de tout ce qu'ils peuvent attraper.

Ils n'ont, en naissant, pour tout vêtement, qu'un léger duvet jaunâtre et le gardent longtemps; leurs plumes, surtout celles des ailes, ne se montrent que fort tard ; ils ne sont guère en état de voler que lorsqu'elles [sont bien croisées, c'est-à-dire vers trois mois : à cet âge, ils portent le nom d'*hallebrans*. A cinq mois, les canards ont pris tout leur développement et leur plumage définitif. Leur mue, presque toujours subite, se déclare, dans le mâle, après la pariade; chez la femelle, elle a lieu après la nichée. La voix, chez l'un et l'autre, est fortement nasillarde, rauque et bruyante ; le chant du mâle est monotone et comme enroué; la femelle a toujours le verbe plus haut, elle ne s'en fait point faute, en dépit des lois de l'harmonie.

Trois sortes de canards peuplent la plupart des

Canard de Rouen.

basses-cours : le *canard ordinaire* ou *canard barbotteur*, le *canard de Rouen*, variété remarquable par son ampleur et son aptitude à s'engraisser, et le *canard musqué* ou *de Barbarie*. Ce dernier se distingue par sa grosseur, son plumage ordinairement plus foncé, où le noir, le brun et le vert dominent, mais surtout par la plaque d'un rouge vif et les caroncules de même couleur dont la tête du mâle est ornée. Plus sensible au froid, plus bas sur pattes et d'allure plus lourde que le canard commun, il s'accouple volontiers, mais par le mâle seulement, avec la cane barbotteuse ; les métis issus de ce croisement ont l'avantage d'oublier en naissant le chant nasillard de la race, et d'être un excellent rôti ; comme tous les mulets, ils sont frappés d'improduction entre eux.

Fidèle à son origine, le canard domestique se plaît particulièrement dans l'eau, c'est son élément favori ; c'est pourquoi, lorsqu'une mare ou un étang se trouve au voisinage de la ferme, le caneton s'élève pour ainsi dire tout seul ; il chasse avec activité et bonheur à la surface de l'eau, happe avec prestesse petits poissons, grenouilles, larves et toute espèce de gent aquatique, barbotte et plonge sans relâche pour chercher dans la vase les graines et le menu gibier qu'elle recèle. Dans la basse-cour, il fait bon ménage avec toutes les volailles, et partage, sans difficulté, leur nourriture et leur logis. Grâce à son robuste tempérament, il ne réclame de soins que dans les premiers jours qui suivent son éclosion, s'accommode de tout, vit de tout, et brave, en quelque sorte, toute espèce de maladies. Quoiqu'il aime à s'égarer sur les cours d'eau, il fait bon marché de son ancienne indépendance, et se passe très-bien du parcours qu'exigent impérieusement les oies : sous ce rapport, il convient parfaitement aux petites exploitations.

On compte ordinairement un mâle pour sept ou huit canes. La ponte commence quelquefois dès la fin de janvier, mais le plus souvent elle a lieu dans le courant de février, et se continue jusqu'en septembre; les canes de l'année ne pondent pas avant l'arrivée du printemps; chaque cane donne, annuellement, de quarante à cinquante œufs. Son instinct la porte à pondre hors de la ferme, et à cacher ses œufs dans les haies ou dans les prés, mais il est facile de la faire couver dans l'intérieur des bâtiments. Elle ne couve généralement qu'une seule fois par an.

La cane peut couver de quinze à seize œufs ; l'incubation dure trente et un jours ; le mâle n'y prend aucune part. A peine éclos, les canetons sont en état de clopiner et de chercher eux-mêmes leur nourriture; ils iraient volontiers à l'eau, au sortir même de la coquille, si on les laissait sous la conduite de leur mère; mais lorsque les couvées ont eu lieu de bonne heure, et que la saison est encore froide, on les soumet d'abord à un régime de précaution. On les renferme avec la cane sous une mue, dans un local chaud, et on les nourrit dans cette prison temporaire. Leur voracité se déclare dès leur naissance, il ne leur faut pas moins alors de six à huit repas par jour, on leur sert une pâtée composée de son, de lait et d'orties hachées; à peine avalée, elle est déjà digérée. On a soin que l'eau ne leur manque jamais, elle leur est donnée dans un plat creux. Huit ou dix jours de cette séquestration et de cette nourriture choisie les mettent en état d'affronter la température extérieure. On profite d'un beau jour de soleil ou d'un air tiède pour rendre la liberté à la mère et à sa couvée; elle n'a rien de plus pressé que de la conduire immédiatement à la mare prochaine, en entrant la première dans l'eau; tous ses canetons de l'y suivre sans hésiter. L'apprentissage est terminé, la mare recevra souvent leur visite, ils y prennent largement leurs ébats.

La croissance des canetons est d'autant plus prompte, qu'ils ont l'eau à leur portée, et qu'ils y trouvent, ainsi qu'à la ferme, abondante nourriture. Une fois sortis de la mare, tout leur est bon ; ils pâturent, il est vrai, moins que les oies, mais ils ne dédaignent pas l'herbe ; menus grains, restes de cuisine, épluchures de toutes sortes, débris du jardinage, tripailles de toute nature, ils dévorent tout et s'engraissent de tout. Sous la direction de leur mère, ils apprennent bien vite à trouver leur vie ; ils vont même parfois la chercher, au loin sur l'eau, ce qui les expose à plus d'un danger : mais cela ne dispense pas de leur distribuer de la nourriture deux ou trois fois par jour, le matin, à midi et le soir. A six semaines, ils sont assez forts pour être bons à vendre; à partir de cet âge, on peut fort bien se contenter de leur donner deux fois par jour à manger, ainsi qu'aux autres volailles.

Il arrive bien souvent qu'au lieu de faire couver aux canes leurs œufs, on les confie à une poule; celle-ci s'acquitte en conscience de la pénible tâche de l'incubation, et déploie, dans l'éducation de ses petits adoptifs, une tendresse et une sollicitude admirables. Non-seulement elle les réchauffe sous ses ailes comme ses véritables poussins, elle les mène encore à la picorée, leur abandonne les meilleurs morceaux et les protége contre tout danger. Elle est loin néanmoins de trouver chez eux la même docilité que dans sa propre lignée; les mutins obéissent moins bien à son appel, se laissent aller à leurs goûts qui ne sont nullement ceux d'oiseaux gratteurs et pulvérateurs, et n'attendent que la première occasion pour faire acte d'indépendance complète. A peine, en effet, ont-ils

aperçu un ruisseau ou une mare, ils n'écoutent plus
rien, vont droit à l'eau, et s'y précipitent à l'envi : la
pauvre poule, éperdue, pleine d'angoisses, a beau les
rappeler de ses cris désespérés, et les suivre tout
effarée le long du bord, l'escadrille n'en poursuit pas
moins ses évolutions, étonnée sans doute de ne pas
voir la mère partager ses jeux, et ne comprenant rien
à son anxiété et à ses terreurs : l'instinct ici est plus
fort que l'éducation, il parle en maitre absolu.

L'élevage du canard ne présentant aucune difficulté,
on abuse souvent de sa vigoureuse constitution pour
le traiter sans ménagements. Bien rarement on lui
réserve un abri spécial ; dans la plupart des fermes,
on le relègue, pêle-mêle, avec les poules dans des
logis étroits, mal aérés et tenus avec une extrême
négligence ; il en résulte que, placé au-dessous de la
volaille qui occupe les perchoirs, il reçoit ses déjections et se trouve dans un milleu infect et malsain.
Le canard mérite d'être mieux traité. Il devrait toujours avoir son toit particulier, car ses habitudes ne
sont pas celles de la poule. Tout au moins, si l'emplacement faisait défaut, serait-il bon de lui réserver
dans le poulailler un compartiment spécial, avec auvent intérieur et litière fréquemment renouvelée : cette
simple précaution contribuerait à son développement
rapide.

L'accouplement, tel qu'il se pratique ordinairement,
n'est pas non plus sans laisser à désirer. Beaucoup de
personnes, aussitôt que les pontes sont finies, sont dans
l'usage de vendre les mâles. Sans nul doute on peut
s'en défaire, il est même avantageux de le faire, mais
à la condition de se procurer, *au dehors*, de nouveaux
mâles pour les mettre avec les femelles vers le mois
de décembre, au lieu de prendre les reproducteurs

parmi les jeunes canards de la couvée. Les accouple-
ments en famille, à force d'être répétés, amènent forcément l'abâtardissement; au contraire, des croisements judicieux au moyen de mâles tirés d'autres basses-cours, non-seulement conservent les qualités acquises, mais souvent ils en développent de nouvelles; c'est un moyen assuré de retremper la souche, qu'il est toujours utile de renouveler de temps à autre. Rien également n'est plus facile avec des œufs étrangers qu'on échange avec ceux de la ferme; on les donne à couver aux canes, aux poules ou même aux dindes, couveuses parfaites et gouvernantes pleines d'attention et d'instinct, qui élèvent les petits tout aussi bien que la propre mère; l'eau seulement lui est antipathique et elle en éloigne, autant qu'elle peut, ses nourrissons.

Des canards bien nourris, à proximité de la mare, atteignent, vers trois ou quatre mois, un développement suffisant pour permettre de les engraisser avec profit : leurs ailes alors se croisent au-dessus de la queue, ils sont déjà en chair, partant on n'a plus qu'à les pousser par une alimentation plus riche. On peut, à volonté, leur laisser leur liberté dans la basse-cour mêlés aux autres volailles, ou bien les tenir renfermés ; dans les deux cas, ils profitent bien; l'engraissement cependant marche plus vite lorsqu'on les isole dans un local spécial, à demi obscur, et, autant que possible, éloigné du bruit. L'appâtement varie. La plupart des ménagères n'emploient que des *pâtons* fabriqués avec des recoupes et du lait caillé; elles les distribuent trois et quatre fois par jour. D'autres, après avoir nourri les canetons pendant la croissance avec des betteraves, des salades, des criblures et toute sorte de débris, les achèvent avec des pommes de terre cuites auxquelles on mêle du grain, ou mieux encore de la farine d'orge; ces deux procédés sont également bons : trois semaines de ce régime suffisent pour amener les canards à bien, c'est-à-dire à peser au moins deux kilogrammes.

On fait mieux encore aux environs de Toulouse et dans quelques départements du sud-ouest. Dès que les canards sont adultes, on les renferme, au nombre de dix à douze, dans un endroit obscur, suffisamment chaud, et tenu avec une grande propreté. Matin et soir, une servante les prend sur ses genoux, après leur avoir croisé les ailes, et les gave de maïs bouilli, jusqu'à ce que leur jabot soit rempli ; au bout de quinze jours leur foie a pris un tel volume, que si l'on continuait l'opération, la bête périrait asphyxiée ; on prévient cet accident par une mort anticipée, aussitôt que les plumes de la queue se déploient en éventail et ne peuvent plus se rapprocher : le canard, arrivé à ce point suprême de cachexie hépatique, trouve la plus honorable sépulture au fond d'une terrine truffée.

LE LAPIN

Les nombreuses variétés de lapins qu'on élève proviennent toutes, originairement, du lapin sauvage.

A l'état de nature, le lapin a assez d'instinct pour se soustraire à l'inclémence des saisons, et mettre ses petits en sûreté ; il sait se creuser un terrier, et choisit, à cet effet, un terrain sec et meuble, capable néanmoins de résister aux éboulements. Toutes les fois qu'un bois, un fourré se trouve à sa portée, il s'y loge ; à son défaut, il fait élection de domicile dans les haies, les buissons, mais il ne gîte qu'à la passade dans les champs, à la différence du lièvre qui, par goût, vit à la belle étoile, sur la terre nue, en plein sillon.

A demi nocturne, le lapin sauvage se tient, la plus grande partie du jour, au fond de sa retraite, ce qui ne l'empêche pas de venir, de temps à autre, se blottir, au cœur d'une cépée exposée au soleil, pour y faire la sieste, sauf à déguerpir au plus vite, à la

moindre alerte, car le vent, une ombre, un rien, tout
lui fait peur.

Le soir venu, le lapin quitte son souterrain et se
met à brouter, à batifoler. Toute sa nuit se passe à
vagabonder; il s'échappe en promenades capricieuses,
en écoles buissonnières, revient sans cesse dans le
sentier qu'il s'est pratiqué, change, à chaque instant,
de place, goûte à tout et gaspille, à tort et à travers,
les herbes dont il fait ses repas; ses ébats finissent
avec l'aube du jour; dès que le soleil se montre à
l'horizon, il regagne son trou et s'abandonne à un
long sommeil.

Les lapins éprouvent, de bonne heure, le besoin de
perpétuer leur race. La femelle s'occupe seule de
la construction du nid; elle le compose de foin, de
chaume, d'herbes sèches, et le double à l'intérieur
d'une couche moelleuse de poils tirés de son ventre.
Pour mieux dérober sa nichée aux regards du mâle
qui, pressé de se remettre en noces, ne chercherait
qu'à détruire les petits, elle creuse un terrier spécial
où elle se rend, en cachette, soir et matin; chaque
fois qu'elle en sort, elle a soin de fermer l'entrée avec
de la terre qu'elle bat avec ses pattes, et sur laquelle
elle dépose quelques crottes, afin de mieux dépister
le galant.

L'éducation des petits se prolonge pendant un certain temps; les lapereaux vivent d'abord en famille,
et ne quittent le nid que lorsqu'ils sont assez forts
pour accompagner père et mère à la pâture. Vers le
cinquième ou le sixième mois, ils sont adultes, s'éta-
blissent, pour leur propre compte, non loin du terrier
natal, et s'accouplent bientôt après. Chaque année, ils
ont plusieurs portées de quatre à cinq petits; leur
multiplication est si grande dans les années sèches et

chaudes, qu'en très-peu de temps ils deviennent un fléau pour l'agriculture : on a donc raison de les considérer comme des annimaux nuisibles et de chercher à les contenir dans de justes bornes ; la race cependant n'est pas sans utilité.

Réduit en domesticité, le lapin garde la plupart des qualités de l'espèce sauvage : santé robuste, développement rapide, fécondité remarquable, aptitude à se nourrir de tout et à peu de frais ; privé de sa liberté, il cesse d'être un animal nuisible, et offre de précieuses ressources par sa chair plus volumineuse et presque aussi parfumée que celle du lapin de garenne, et par sa fourrure très-recherchée dans le commerce de la chapellerie.

De toutes les variétés de lapins domestiques, la plus commune, la race moyenne, à poil gris fauve, la plus rapprochée du lapin sauvage, est celle qui s'élève avec le plus de facilité et dont on tire le meilleur profit ; toutes les autres races artificielles sont ou plus délicates ou plus sujettes aux maladies ; leurs portées aussi sont généralement moins nombreuses et d'une réussite plus chanceuse.

La première condition de succès dans l'élevage des lapins est de leur procurer un logement sain, à bonne exposition, où l'air se renouvelle facilement, et dont l'accès soit interdit aux rats, fouines et belettes, grands destructeurs de tout gibier.

L'orientation préférable est celle du levant ; l'exposition du midi convient encore, pourvu que des auvents préservent les lapins des rayons directs du soleil ; car s'ils recherchent la chaleur, ils n'aiment pas rôtir, et leurs habitudes crépusculaires leur font plutôt désirer le demi-jour qu'une lumière ardente.

Toute humidité permanente est fatale aux lapins, c'est pourquoi il est nécessaire de leur ménager un local bien sec; par la même raison, l'eau des toits ne doit pas se déverser dans leur clapier; aucun fumier ne doit y demeurer longtemps.

Le lapin est naturellement propret; rien ne nuit plus à sa santé que les déjections qu'on laisse séjourner dans sa cabane, elles y entretiennent une humidité pernicieuse, et il s'en dégage des miasmes qui engendrent des épidémies auxquelles ces animaux ne résistent guère : leur logis ne saurait donc être tenu avec trop de soin. L'air doit y être fréquemment renouvelé, chose facile; il suffit, pour cela, de garnir avec des grillages en fil de fer les fenêtres ainsi que les ouvertures pratiquées à fleur de sol, pour établir des courants d'air, et permettre aux lapins de respirer à l'aise : dans les temps froids, on bouche, plus ou moins, ces ouvertures, car les nichées ont besoin de chaleur, et les adultes ne laissent pas que d'être assez frileux.

Un clapier bien organisé comprend, indépendamment des loges destinées aux mâles et aux femelles en état de multiplier, plusieurs compartiments pour les lapereaux de différents âges. Le premier, sous forme de galerie, reçoit les jeunes lapins aussitôt après le sevrage; ils y vivent en commun, pendant un mois environ. Au fur et à mesure qu'ils prennent de la force, on les transborde dans d'autres divisions plus spacieuses; on les parque enfin dans les derniers enclos quand ils ont acquis toute leur croissance, et qu'ils sont aptes à se reproduire, ou bien à passer à la cuisine ou au marché.

Dans un bon système d'élevage, les mâles et les femelles doivent être séparés les uns des autres, dès

.le sevrage ; attendre plus longtemps pour opérer ce triage serait s'exposer à voir éclater des batailles sans fin parmi les troupes. Les mâles, en effet, doués d'un tempérament précoce, se jalousent de très-bonne heure ; ils commencent par se flairer et en viennent bientôt aux coups pour la possession des femelles. Séparés, au contraire, des lapines dès leur bas âge, ils vivent fraternellement entre eux, mais à la condition qu'on n'introduira pas dans leur compartiment de nouveaux hôtes ; jusqu'à deux mois, on peut le faire impunément ; mais passé cet âge, tout intrus devient l'occasion de disputes incessantes, les lapins se déchirent à belles dents, et beaucoup en meurent.

Les femelles, bien que d'humeur plus pacifique, ne peuvent rester ensemble au delà d'un certain temps. Autant dans leur premier âge elles se plaisent dans la société les unes des autres, autant aux approches de la maternité la vie en commun les jette dans une agitation fiévreuse ; elles se poursuivent et se harcellent sans relâche. C'est bien pis vraiment si l'une d'elles fait mine de travailler au berceau de sa progéniture : ses compagnes, jalouses, lui arrachent de la gueule les matériaux de son nid, profitent d'un instant d'absence pour s'introduire dans son domicile et y mettre tout à sac, sans épargner les nouveau-nés ; à ces désordres anarchiques, le régime cellulaire est l'unique remède. L'isolement, du reste, répond très-bien aux habitudes du lapin adulte. A cet âge, il n'a plus au même degré la sociabilité de son enfance, il est devenu foncièrement égoïste ; c'est un être qui ne songe plus qu'à lui, qui ne veut être dérangé ni dans ses repas, ni dans son sommeil, et auquel il faut toutes ses aises, une tranquillité et une sécurité absolues; la séquestration peut seule désormais assurer sa prospérité.

Si l'on n'est pas gêné par l'espace, la meilleure disposition à donner au clapier consiste à ranger les cases des mères le long des murs, à placer dans un coin les loges des mâles, en réservant le milieu de la pièce aux jeunes lapins, distribués, selon leur âge, en divers compartiments. Rien ne manquerait à cette organisation si, au moyen de trous pratiqués dans le mur du clapier, les lapereaux pouvaient se rendre, à volonté, dans une cour attenante pour s'y livrer à leurs gambades au soleil et rentrer ensuite au logis ; ces sorties répétées pendant les plus belles heures de la journée favorisent singulièrement leur croissance et les préservent des maladies qu'entraîne souvent après elle une claustration rigoureuse.

Mais si l'emplacement fait défaut, au lieu d'une seule rangée de cases, on peut en établir plusieurs les unes au-dessus des autres ; cette disposition toutefois n'est qu'un pis-aller et présente de graves inconvénients ; elle expose d'abord les loges inférieures à recevoir les déjections liquides des cases supérieures, à moins qu'on n'ait ménagé dans le plancher des étages plus élevés une pente qui entraîne ailleurs les urines ; en second lieu, le service de la litière et de l'affouragement est plus compliqué ; quelque soin que l'on prenne, il est bien difficile avec plusieurs rangées de cases de tenir les lapins au sec : c'est là cependant un point capital pour leur réussite.

Chaque loge, construite en planches solides ou avec de fortes lattes, doit mesurer au moins 75 à 80 centimètres en tous sens ; son fond doit être plein, légèrement incliné et percé, de distance en distance, de rainures ou de petits trous pour l'écoulement des

urines ; la porte, munie de barreaux ou d'un grillage en fil de fer, doit s'ouvrir facilement pour laisser passer la litière et les aliments.

Le mobilier de ces loges est fort simple : il se compose d'un râtelier où l'on dépose les fourrages verts ou secs, afin que les lapins ne les gaspillent pas, et d'une augette destinée à recevoir le son ou les menus grains donnés en complément de nourriture. Ces ustensiles sont également de toute nécessité dans les compartiments des jeunes lapins ; on les accoutume par là à prendre avec tranquillité leurs repas, tandis que lorsqu'on jette leurs aliments à terre, ils se précipitent à l'envi dessus, se ruent les uns sur les autres, se pressent et s'étouffent pour se les disputer ; dans cette bagarre, les plus faibles pâtissent de la pétulance et de la voracité des plus forts, injustice des plus criantes.

Lorsque le clapier n'est ni bitumé ni carrelé, on se trouve bien de dresser les loges sur des montants qui les isolent de terre ; 15 ou 20 centimètres d'élévation suffisent pour les préserver de l'humidité naturelle du sol, et permettre d'exécuter facilement tous les travaux de propreté. Ces derniers réclament pelle, balai, racloir, éponge, fourche et brouette ; il est bon de les avoir toujours sous la main.

Le choix des reproducteurs exerce une grande influence sur la beauté et le maintien de la race.

La taille de l'animal a moins d'importance que ses bonnes proportions ; toutefois il y a avantage à se servir d'une race déjà faite ou très-améliorée : on évite ainsi une perte de temps et des essais toujours plus ou moins chanceux.

Il ne faut pas songer à accoupler les lapins avant qu'ils n'aient acquis un développement suffisant : des mariages trop précoces épuisent rapidement et mâles et femelles ; il n'en résulte souvent que des portées chétives et de moins en moins nombreuses. De six à huit mois, le lapin est tout à fait adulte, il peut être livré sans inconvénient à la reproduction.

Des allures vives, la poitrine bien ouverte, l'œil éveillé, le poil fourni, luisant et gris-fauve, une taille moyenne, sont autant de caractères généraux que doivent présenter les deux sexes, mais il en est d'autres particuliers à chacun d'eux. Ainsi l'on aime que le mâle ait un naturel plutôt farouche que timide, la tête arrondie, les joues bien accusées et les jarrets très-développés, qu'il soit prompt à frapper le sol de son talon, et toujours prêt à se battre, disposition qui se dénote par la résistance énergique qu'il oppose à quiconque veut le saisir.

Un seul mâle suffit pour huit ou dix femelles lorsqu'on ménage des intervalles de repos entre les luttes, et qu'on a soin de lui donner une nourriture fortifiante, telle que de l'avoine et du bon foin sec, les racines n'intervenant que comme entremets. Jusqu'à quatre ou cinq ans il fournit un bon service ; au delà, il appartient à la période culinaire. Tant qu'il est dans l'exercice de ses fonctions, il doit être rigoureusement séquestré, sous peine de le voir mettre toute la république sens dessus dessous ; la liberté le rend féroce, il détruit les nichées et tue jusqu'aux mères elles-mêmes pour peu que leur résistance se prolonge.

Les bonnes femelles se reconnaissent aux caractères suivants : tête effilée, croupe arrondie, bassin large, mamelles bien accusées, naturel vif. Vers cinq ans leurs ongles s'allongent, leurs dents noircissent, leurs flancs se creusent et laissent le ventre traîner à terre : l'heure de la vieillesse est arrivée pour ces mères usées ; quand on agit sagement, on n'attend pas ces indices de décrépitude, on engraisse la bête à la quatrième année, elle s'y prête aisément.

La lapine est en état de porter à cinq ou six mois. Le plus souvent, on la met au mâle vers le soir, et on l'en sépare le lendemain matin ; elle est ordinairement pleine après cette visite, dont la durée peut être plus abrégée. La gestation dure de trente à trente et un jours ; parfois cependant il est des mères qui ne mettent bas que trente-deux jours après l'accouplement. Trois ou quatre jours avant terme, on nettoie à fond la loge, et on la garnit d'une bonne litière, afin que les petits reposent sur un lit bien sain ; toute humidité à cet âge leur est fatale ; en tout temps d'ailleurs les lapins veulent être au sec.

Une bonne lapine peut donner, par an, de six à sept portées, chacune de six ou huit petits ; au-delà de ce nombre, les mères ont de la peine à les bien nourrir : aussi convient-il de restreindre les nichées trop abondantes, et de donner l'excédant aux mères moins bien pourvues ; elles adoptent sans difficulté les nouveaux venus, et les allaitent comme leur propre nichée.

La première occupation de la mère qui a mis bas, est de lécher ses petits ; elle procède ensuite à sa toilette, soin qu'elle ne néglige en aucun temps, lorsqu'elle est en bonne santé,

Quoiqu'il soit prudent de toucher le moins possible aux jeunes lapereaux, et qu'en règle générale il ne faille pas déranger la mère dans ses fonctions, il est bon cependant de visiter de temps à autre le nid ; on profite du moment où la mère lapine est absente pour s'assurer si la portée n'est pas trop nombreuse, et surtout s'il n'y a pas de mort-nés ; on a soin d'enlever ces derniers, et chaque fois qu'il périt quelque lapereau dans le cours de l'allaitement, on en débarrasse le nid : son cadavre, en se décomposant, ferait bientôt mourir toute la nichée.

Dès le quinzième jour, les petits commencent à grignotter; à un mois, ils mangent seuls, en compagnie et à l'exemple de leur mère; à six semaines, ils peuvent se passer complètement de ses soins; c'est le moment de les séparer.

Il est rarement avantageux de sevrer les lapereaux avant un mois, l'allaitement doit donc durer au moins ce temps. On peut, il est vrai, l'abréger de quelques jours dans la belle saison, mais en hiver il doit être prolongé d'une semaine, non-seulement pour donner plus de force aux jeunes lapins, mais aussi pour les préserver du froid auquel ils sont très-sensibles. L'instinct des mères, du reste, est le meilleur guide à suivre en pareil cas : elles connaissent très-bien le moment opportun pour sevrer leurs petits, et ne manquent jamais de les chasser du nid dès qu'ils sont assez forts pour pourvoir eux-mêmes à leur existence. Quelquefois, il est vrai, des mères, de nouveau pleines, devancent l'époque réglementaire du sevrage lorsque la future mise-bas n'est pas très-éloignée, mais rarement elles écartent leurs petits avant qu'ils ne soient en état de se suffire à eux-mêmes.

Après le choix de la race, la force et la beauté des lapins dépendent surtout de la nourriture et des soins qu'ils reçoivent pendant le premier âge : ce principe leur est applicable ainsi qu'à tous les animaux. Pour qu'ils trouvent un lait abondant, il faut que la mère soit richement nourrie; les meilleurs foins, des herbes choisies, les carottes et les betteraves ne doivent pas lui être épargnées : cette alimentation variée, en favorisant la sécrétion du lait, contribue largement à la prospérité des lapereaux ; au contraire, une nourriture insuffisante ou de médiocre qualité, ne réparant pas assez les forces de la mère, compromet la santé des petits et les expose, pour le moins, à rester chétifs dans le premier âge, inconvénient grave, dont ils ont de la peine à se relever plus tard.

Si le prompt développement des portées dépend de la richesse de l'allaitement, les soins hygiéniques ne sont pas, non plus, indifférents pour leur réussite. On sait déjà que leur cage doit être toujours bien pourvue de litière sèche et qu'il ne faut pas y laisser séjourner trop longtemps les déjections ; en conséquence, les loges seront nettoyées avec soin tous les huit jours, et pour peu que le nid ne soit pas très-propre, on s'arrangera de manière que les petits aient constamment une couche bien saine : les mortalités qui emportent des nichées entières, n'ont souvent d'autres causes que la malpropreté, un air vicié, ou trop de parcimonie dans l'alimentation des mères.

La race est généralement douée d'une grande fécondité, mais on en abuse souvent pour remettre les lapines au mâle presque aussitôt la mise-bas ; c'est une double faute : d'un côté, on risque de précipiter le moment du sevrage des jeunes portées, en troublant et pervertissant l'instinct des mères, de l'autre, en épuisant les femelles par des accouplements trop rapprochés. Néanmoins, sans attendre que l'éducation des petits soit tout à fait achevée, on peut donner la mère au mâle quinze ou dix-huit jours après le part ; on la lui porte dans sa case, le matin, après que les petits ont tété, et on la reporte dans sa loge vers le soir, en ayant soin qu'elle y trouve sa ration toute prête, car, en rentrant chez elle, elle commence par manger, et ce n'est qu'après avoir satisfait sa faim, qu'elle songe à ses petits ; dès qu'elle les a allaités de nouveau, elle reprend ses fonctions maternelles, comme si elle n'était pas allé à la noce.

Les lapereaux en âge d'être sevrés doivent être retirés de la loge où ils ont pris naissance, pour être réunis aux autres nichées récemment émancipées : on les parque tous dans le premier compartiment d'é-levage, après avoir fait un triage des mâles et des femelles. Cette séparation effectuée, toute mutation ultérieure de logis, à partir du deuxième mois, ne doit plus s'opérer que par chambrée entière, sans exception aucune, sous peine de causer de violentes émeutes par un privilége malentendu : les lapins, à cet égard, n'entendent pas raillerie ; dès l'arrivée de l'étranger, ils se battent à outrance pour la défense de leur droit d'unité.

A mesure qu'ils grandissent, on les fait passer, tour à tour, dans les divisions correspondant à leurs âges respectifs, jusqu'à ce qu'ils arrivent au dernier cantonnement destiné aux lapins adultes, âgés de six mois.

Tant que les lapereaux tètent leur mère, ils sont peu sujets aux maladies si les conditions d'hygiène ont été bien suivies ; c'est surtout au sevrage qu'ils courent des risques sérieux ; cette époque leur est d'autant plus dangereuse, qu'un allaitement imparfait les a laissés plus faibles, et qu'on les a séparés trop tôt de leur mère. Dans ce moment de transition toujours critique, plusieurs précautions sont à observer : il faut d'abord préserver les lapereaux du froid, puisqu'ils n'ont plus de douillette maternelle pour se réchauffer ; il faut ensuite se bien garder de leur donner des fourrages mouillés ou fermentés ; en aucun temps, une nourriture trop aqueuse ne leur est bonne, mais, au sortir de l'allaitement, elle peut leur être funeste, en leur occasionnant une diarrhée rapidement mortelle.

L'excès de nourriture, même de bonne qualité, leur est aussi fort nuisible. Très-voraces de leur nature, ils mangent sans modération, se gorgent à outrance lorsque les aliments leur plaisent; leur ventre alors ne tarde pas à gonfler : beaucoup en meurent à deux mois. Ce mal, connu sous le nom de *gros ventre*, n'est pas sans remède quand on le combat à temps; on le guérit même assez facilement en exposant *dès le début* au soleil les lapereaux qui en sont atteints; on les met, en même temps, à la diète et on leur donne à grignotter des tiges de menthe poivrée, des ramilles de chêne ou de saule; pendant leur convalescence, les fourrages secs et un peu de son formeront leur unique nourriture.

Le temps de la mue est encore un temps d'épreuve pour les lapereaux, surtout pour ceux dont l'allaitement a été insuffisant; leur poil se hérisse et tombe, leurs yeux s'enflamment et s'encroutent, leur ventre s'enfle, ils ne tardent pas à périr d'hydropisie. Ceux dont les mères étaient bonnes nourrices et qui n'ont pas été sevrés prématurément, franchissent d'ordinaire cette période néfaste sans trop s'en apercevoir.

Les misères des lapereaux disparaissent généralement avec le jeune âge; à partir du troisième mois, ils prennent sensiblement de la force; à peine sont-ils devenus adultes, leur tempérament se fait de plus en plus robuste, et brave à peu près toute espèce de maladies, sauf des circonstances tout à fait exceptionnelles; il ne faut rien moins alors qu'un séjour prolongé dans un air humide ou vicié, et une mauvaise nourriture, pour mettre leur vie en danger. La bonne santé des lapins se reconnaît à leur gaîté et à leur regard brillant; la fermeté de leur crottin en est aussi l'indice assuré : des repas réglés, un bon régime alimentaire, sans transitions trop brusques du vert au sec, et *vice versâ*, sont les meilleurs préservatifs contre les épidémies qui déciment principalement les clapiers mal tenus.

Chacun sait par expérience combien les lapins sont peu difficiles à nourrir; ils mangent de tout, et semblent plutôt pressés d'assouvir leur insatiable appétit que de contenter un estomac capricieux. Herbes fraîches ou sèches, racines, fruits et grains, rameaux, débris de jardinage, restes de la cuisine, tout leur est bon; ainsi que la plupart des animaux, une nourriture nouvelle les tente médiocrement au début, mais pour peu qu'on les laisse jeûner, ils ont bien vite pris leur parti, et acceptent, sans plus de façon, ce qu'on leur présente.

Malgré leur furieux appétit, conséquence d'une constitution généreuse qui les oblige à réparer en proportion de ce qu'ils dépensent, les lapins ne sont pas dépourvus de toute sobriété. Ils ne se montrent même gourmands que lorsqu'on les a imprudemment habitués à certaines friandises distribuées, comme hors-d'œuvre, entre leurs repas; quand ils ont succombé à la tentation, leur nourriture perd bien vite de son charme à leurs yeux, ils font les rechignés, ils la gaspillent, la foulent aux pieds et deviennent de plus en plus capricieux et dégoûtés. Ces défauts peuvent être facilement prévenus. Accoutumez, dès le jeune âge, les lapins à manger seulement à des heures réglées, ils conserveront leur bon naturel et ne tomberont pas dans ces accès d'enfants gâtés, dont la plupart finissent si mal. La régularité des repas est chose plus sérieuse qu'on ne le pense généralement, elle contribue singulièrement à maintenir bêtes et gens en santé et appétit. Il n'est pas moins nécessaire de charger toujours la même personne d'affourager les lapins. Défiants et craintifs, ils s'effarouchent de tout visage nouveau ; en revanche, ils se familiarisent promptement avec celui qui les nourrit. A peine entendent-ils ses pas, c'est pour eux le signal de se mettre à table. A son approche, ils dressent l'oreille, se juchent sur leurs pattes postérieures, et, quand du haut de cet observatoire ils sont bien sûrs de ne s'être pas mépris, ils accourent en foule au-devant du pourvoyeur, se pressent et s'entassent à qui mieux mieux pour profiter de ses largesses. Le lapin assez heureux pour attraper un morceau de carotte ou une queue de salsifis n'a rien de plus pressé que de faire une trouée à travers la bande affamée, et d'aller grignotter son morceau dans quelque coin retiré. Mais, la plupart du temps, il a compté sans les amateurs ; deux ou trois camarades s'attachent bientôt à ses pas, ils le poursuivent, le harcellent dans tous les coins et recoins, et ne le quittent qu'autant qu'ils ont saisi eux-mêmes l'objet convoité, et qu'ils ont fait table commune avec le premier occupant : tous alors de manger quatre à quatre, afin d'en laisser le moins possible aux voisins. On comprend sans peine que le lapin ainsi traqué s'assimile mal une nourriture disputée et dévorée avec inquiétude ; pour qu'il la digère utilement, il doit la prendre à son aise, tranquillement, en toute sécurité ; voilà pourquoi les râteliers sont si avantageux : non-seulement ils apportent une grande économie dans la nourriture, puisqu'elle ne traîne plus à terre et n'est plus piétinée par les lapins, mais ils la répartissent aussi équitablement que possible entre les copartageants ; chacun d'eux, maître de son bien, le mange sans trouble et sans précipitation : tout le monde y gagne.

Les râteliers doivent être placés dans chaque loge, et garnir également les compartiments des lapins destinés à vivre en commun, car plus les troupes sont nombreuses, plus le désordre est près d'éclater. Les râteliers varient de dimension, suivant les différents âges. Les plus simples sont les meilleurs, par l'excellente raison qu'ils évitent une dépense inutile. On se trouvera bien de fixer les râteliers des loges à l'intérieur de la porte d'entrée, de cette manière : ils ne gênent en rien le service. Ceux des communs devront être suspendus contre les parois de chaque compartiment. Les barreaux peuvent être ronds ou plats ; les premiers laissent glisser plus facilement au dehors les fourrages tirés par les lapins, mais ils coûtent plus cher que de simples lattes ; ces dernières d'ailleurs sont toujours sous la main, et l'on peut les ajuster soi-même, sans recourir au menuisier.

Suivant l'âge et la force des lapins, les barreaux seront plus ou moins distants les uns des autres ; un écartement de deux centimètres suffit pour de tout jeunes lapereaux ; pour les adultes, il faut au moins cinq centimètres d'intervalle.

Autant que possible, les râteliers devront être à une certaine distance au-dessus du sol ; s'ils posaient à terre, les lapins ne manqueraient pas de se rappeler leur ancien métier de mineurs, ils fouilleraient audessous, et en tireraient malicieusement, brin à brin, tout le fourrage dont ils feraient promptement litière ; or, ce qu'ils ont foulé, ils n'y touchent plus qu'autant que la faim les presse à l'excès ; en élevant les râteliers à une certaine hauteur, de 10 à 20, 30 et 40 centimètres par exemple, suivant la grosseur des lapins, on force ces animaux à s'accroupir sur leurs pattes de derrière pour atteindre leurs provisions, et comme maître lapin aime fort ses aises, et ne peine qu'autant qu'il y est absolument obligé, il n'ira au râtelier que lorsque son estomac l'y poussera réellement ; dans tous les cas, il ne s'amusera pas à tirer sa provende pour le seul plaisir de la répandre à terre, disposition à laquelle il est très-enclin.

A l'état sauvage, le lapin, une fois hors de son terrier, n'interrompt son repas que pour vaguer et flâner. Très-courtes, mais très-multipliées sont ses promenades ; dès qu'il s'arrête il se met à manger ; au moindre bruit, il détale. Le lapin domestique, privé de sa liberté, procède un peu différemment. Manger est toujours sa grande affaire; mais, au lieu de précipiter sa digestion par l'exercice, il la confie au sommeil. A peine est-il repu, il s'allonge, se couche à plat ventre, étend ses pattes de devant, y pose son museau, et s'endort d'un léger sommeil. A son réveil, il fait nonchalamment quelques pas, se dirige vers la table derechef, et puis, de nouveau, s'endort : ainsi s'écoule, sans souci, son heureuse et monotone existence que remplit surtout l'idée de bien vivre. Gardons-nous de déranger ses goûts de sybarite, réglons-les plutôt, afin de les tourner à notre profit.

Trois repas par jour suffisent aux lapins de tout âge, le matin, à midi et le soir, en d'autres termes de six en six heures. Comme ils s'accommodent de tout quand ils sont bien élevés, on n'a pas à se préoccuper de leur régime alimentaire. Il est bon toutefois d'alterner les fourrages secs et de varier leur nourriture, elle passe mieux, et ils sont très-sensibles à ces attentions. Les racines sont fort de leur goût; la carotte et les pommes de terre les soutiennent bien, mais ces dernières doivent être données cuites, quand on leur sert autre chose que les épluchures. Très-friands de topinambours, ils en mangent avec satisfaction tiges, feuilles et tubercules. Les salades de toute espèce leur agréent ; les choux eux-mêmes, malgré la triste réputation qui déteint sur leur chair, peuvent encore entrer dans leur régime, mais ne doivent pas le constituer d'une façon exclusive. En aucun temps, il ne faut leur donner d'herbes mouillées; plus il fait sec, plus il y a avantage à introduire dans leurs repas une certaine portion de nourriture fraîche ; les jours humides, on se trouve bien de les mettre au foin sec et de leur faire ronger des branches de chêne, de saule, de frêne etc., le tannin qu'elles renferment est un puissant antidote dans les relâchements d'entrailles; quelques poignées d'avoine contribuent aussi à réagir avec succès contre les inconvénients d'une température froide et pluvieuse ; en toute circonstance, le son leur est favorable et le sel ne leur nuit pas.

La plupart des herbes provenant du sarclage ne sauraient être mieux utilisées qu'à la nourriture des lapins ; mais si la terre s'y est attachée, il convient de les laver : sans cela, ces animaux, délicats à l'excès sur tout ce qui tient à la propreté, ne touchent qu'aux parties non terreuses, et le reste se trouve ainsi perdu. Toute nourriture herbacée demande à être cueillie de la veille et distribuée à demi fanée, en vertu du principe que le sec convient mieux aux lapins qu'une nourriture trop aqueuse ; cette précaution est surtout nécessaire à l'égard des plus jeunes lapereaux : tous se passent très-bien de boire, l'eau leur est même plus nuisible qu'utile.

Tels sont les divers genres de nourriture les plus usités pour les lapins ; leur régime alimentaire toutefois varie suivant l'âge et le but immédiat qu'on se propose. S'agit-il d'élevage, on doit avoir surtout en vue de favoriser la croissance au moyen d'une nourriture simple, variée et régulièrement distribuée. Pendant le premier âge, herbes choisies, laiteron, chicorée, pimprenelle, pissenlit, entremêlées de ramilles et de petite centaurée. A partir du troisième mois, carottes, navets et betteraves peuvent entrer, en certaine proportion, dans les repas ; le trèfle, le sainfoin, la luzerne, l'herbe des prés à demi flétrie, les fanes de pois, lentilles et haricots, les développent très-bien ; le grain, sans nul doute, les pousserait avec plus d'activité, mais c'est une nourriture chère dont il faut être sobre pendant la croissance, sauf à s'en montrer libéral pour le couronnement de l'édifice, lorsque l'époque de la mise à l'engrais est arrivée.

Les lapines qui allaitent, non-seulement ne doivent jamais pâtir de la faim, mais il ne faut pas leur marchander la bonne nourriture ; carottes, betteraves, alternant avec des fourrages artificiels, favorisent la secrétion du lait, et soutiennent en même temps les mères dans leurs pénibles fonctions; pour peu qu'on les voie faibles, on ajoutera à leur ration de l'orge, de l'avoine, du son ; les grains les refont promptement.

Les reproducteurs exigent, plus que tous autres, une nourriture tonique qui les tienne sans cesse en haleine. Les plantes amères, comme le pissenlit, la chicorée sauvage, les laiterons, ne leur conviennent pas moins que les plantes aromatiques, telles que cerfeuil, persil, fenouil, céleri; les grains surtout leur apportent un puissant réconfort; le sarrasin, par-dessus tout, les met en belle humeur.

La nourriture des lapins à l'engrais diffère peu de celle qu'on donne aux adultes d'élevage, si ce n'est qu'on diminue par degrés la ration fourragère, pour augmenter la proportion du grain, des carottes et des pommes de terre; choux et navets sont alors sévèrement proscrits, et remplacés avec avantage par des plantes aromatiques, angélique, céleri, cerfeuil, persil, thym, tiges et feuilles de sainte-Lucie; quelques baies de genièvre, mêlées avec discrétion aux rations, communiquent à leur chair un parfum très-prononcé; le sel la rend plus ferme, les farineux, orge et maïs, achèvent de lui donner toute la perfection désirable.

Cette nourriture de choix ne suffit pas cependant pour amener les lapins au plus haut degré d'embonpoint, ils ne l'atteignent que lorsqu'ils ont été préalablement châtrés. La castration, pour produire son plein effet gastronomique, doit être pratiquée de bonne heure, vers trois mois; elle n'offre aucune difficulté. On y prépare le lapin par un jeûne de plusieurs heures. Le moment venu, on assujétit l'animal entre ses jambes, de manière qu'il ne puisse bouger; on saisit avec le pouce et les deux premiers doigts de la main gauche une des glandes séminales, on en fend longitudinalement l'enveloppe avec un bistouri et on en retire le corps ovalaire qu'elle contient; on opère de la même manière sur l'autre glande, on frotte ensuite l'intérieur des bourses avec du beurre ou du saindoux, et l'on remet le lapin en loge solitaire ou avec ses camarades de chambrée; quelques heures après, il recommence à manger; au bout de peu de jours la cicatrisation est complète, la bête ne songe plus à la mutilation qu'on lui a fait subir, elle mange, mange encore, dort de plus belle, et s'engraisse à vue d'œil.

Lorsque l'élevage a été fait dans de bonnes conditions, que la croissance du lapin n'a éprouvé aucun temps d'arrêt, et qu'une bonne hygiène, jointe à une bonne nourriture, l'a conduit sans maladies à l'âge adulte, il est déjà en chair quand on le met à l'engrais, circonstance très-favorable pour l'amener rapidement à un état d'embonpoint respectable : quinze jours d'épinette suffisent pour en atteindre l'apogée.

S'il n'est pas profitable d'engraisser les lapins avant six ou huit mois, parce que, plus jeunes, leur embonpoint n'est que superficiel et ne tient pas, c'est peine perdue d'attendre qu'ils soient tout à fait vieux pour les engraisser ; passé cinq ans, tout lapin est dur et coriace, quoi que l'on fasse ; c'est pourquoi il vaut mieux devancer cet âge : entre trois et quatre ans, ils prennent fort bien la graisse et acquièrent, sans difficulté, un poids de trois à quatre kilogrammes, s'ils ont été constamment à un bon régime.

Pour que l'engraissement marche vite et bien, il est essentiel que rien ne dérange le lapin dans ses deux graves occupations, manger, puis dormir. Alors, plus qu'en tout autre temps, il réclame une tranquillité absolue et une douce température. La peur lui coupe l'appétit, et quand on le trouble dans ses repas, son sommeil inquiet se ressent d'une digestion laborieuse. C'est pour le coup qu'il faut tenir à distance chiens et chats, et que le clapier doit être rigoureusement fermé hors du temps consacré aux soins de propreté et à l'apport des vivres. Avec du bruit, paniques continuelles, habitudes troublées, point de lapin gras. Quand le béat jouit d'une sécurité complète, que ses repas lui sont servis régulièrement par la personne à laquelle il est accoutumé, que tout se passe en paix dans son manoir silencieux, rien alors ne le distrait de son idée favorite : il savoure ses festins avec calme et délices, se double rapidement d'une chair succulente, et se croit sérieusement dans le meilleur des mondes possibles ; ce beau rêve n'est interrompu qu'au moment où un coup sec sur la nuque, le fait passer, subitement et sans souffrance, de vie à trépas.

FIN

TABLE DES MATIÈRES

FIN DE LA TABLE DES MATIÈRES.